Métallurgie Extractive du Cobalt

Métallurgie Extractive du Cobalt

Roger Rumbu

Troisième Edition

2RA-Edition

Rumbu, Roger

Métallurgie Extractive du Cobalt / Author Rumbu, Roger

Includes bibliographical references

ISBN 978-0-359-55705-9

Third edition 2018

Crédit photo de couverture : R. K. Creative Design

Edité par 2RA-Edition

Third Edition March 2018 in paperback.

N° du dépôt légal : 3.20.2019.9. Ier Trim. du 26/03/2019

Cover design: R.K. Creative Design

Du même auteur dans la collection Expertise en Projets Miniers

Introduction to Mining Business Projects, 2RA-Publishing, Cape Town – South Africa, 2017.
ISBN: 978-1541066359.

Project Management in Business Context – The implementation of a metallurgical accounting system, 2RA-Publishing, 2014.   ISBN 978-1542971669.

Du même auteur dans la collection Expertise en Métallurgie

Potentialités Métallurgiques du Coltan en Afrique, 2RA-Publishing, Cape Town – South Africa, 2017.

Refractory Materials Extractive Metallurgy, 2RA-Publishing, Cape Town – South Africa, 2017.

Recueil d'exercices pratiques de métallurgie extractive des métaux non-ferreux, 2RA-Publishing, Cape Town – South Africa, 2017.
ISBN: 978-1535582513.

Extractive Metallurgy of Cobalt, 2RA-Publishing, Cape Town – South Africa, 2016.
ISBN: 978-1516843527.

Non-ferrous Extractive Metallurgy – Industrial Practices, 2RA-Publishing, Cape Town – South Africa, 2014.
ISBN : 978-1-920600-03-7.

Hydrométallurgie du cuivre - Grillage – Lixiviation – SX – Electro-extraction, 2RA-Publishing, Cape Town – South Africa, 2016. ISBN : 978-1512138535.

Métallurgies du Zinc et des Métaux Associés, 2RA-Publishing, Cape Town – South Africa, 2016.   ISBN: 978-1516818556.

Introduction à la métallurgie extractive des terres rares, 2RA-Publishing, Cape Town – South Africa, 2012.   ISBN : 978-1-920600-28-0.

Métallurgie extractive du cobalt, 2RA-Publishing, Cape Town – South Africa, 2012. ISBN : 978-1-920600-30-3.

Métallurgie Extractive des Non-Ferreux – Pratiques Industrielles, 3rd Edition, 2RA-Publishing, Cape Town – South Africa, 2015. ISBN : 978-1515316299.

Métallurgie Extractive des Non-Ferreux – Pratiques Industrielles, 2nd Edition, 2RA-Publishing, Cape Town – South Africa, 2012. ISBN : 978-1-920600-02-0.

Métallurgie Extractive des Non-Ferreux – Pratiques Industrielles, New Voices Publishing,   Cape Town – South Africa, 2010.

Métallurgie Générale, , 2RA-Publishing, Cape Town – South Africa, 2018.

Qu'est-ce que le cobalt, comment l'obtient-on et à quoi sert-il ? Pourquoi est-il si important ?

A ma tendre Mira Losa,

Et à nos enfants Andy-Grâce, Sacha-Romy, Reggie-John, Crissy-Roy et Dany-Val pour leur soutien et leur patience.

A tous mes compagnons dans le cobalt, à tous ceux qui ont contribué d'une manière ou d'une autre à ce que ce nouvel ouvrage paraîsse, à vous mes nombreux lecteurs intéressés, industriels, professeurs, spécialistes, scientifiques, ingénieurs, mes étudiants-ingénieurs, et techniciens, passionnés, amis, collègues et ainsi que ma famille, je n'aurai assez de mots pour vous remercier.

Roger Rumbu

Table des matières

Liste des graphiques

Liste des tableaux

Liste des abréviations et unités de mesures utilisées

Alamine 336 – Tri (C8-C10) amine

Cyanex 272 – Acide di (2,4,4 trimethyl penthyl) phosphique

Cyanex 301 – Acide bis (2,4,4-trimethyl pentyl) dithiophosphinique.

Cyanex 302 – Acide bis (2,4,4 trimethyl penthyl) thiophosphinique

DEHPA – Acide di 2 ethyle hexyl phosphorique

D2EHPA – Acide di 2 ethyle hexyl phosphorique

DM – Solution d'électrolyse épuisée

EW – Electrowinning (Electrolyse d'extraction)

g/l – gramme par litre

Gécamines – La Générale des Carrières et des Mines

gpl – gramme par litre

IX – Extraction par échange d'ions

kWh – Kilowatt heure

lb – Livre

LIX 84 – 2 hydroxy 5 nonylacetophenone oxime

LMB – London Metal Bulletin

LME – London Metal Exchange

M – Mole

mg/l – milligramme par litre

mV – Millivolt

OF – surverse de décanteur

PC88A : Acide diéthyle 2-hexyle-phosphonique

P.E.R.L. – Purification des eaux de récupération et de lavage

pH – Potentiel d'hydrogène

PLS – Pregnant Leach Solution (Solution chargée issue de la lixiviation)

PPM – Parties par million

ppt - Précipitation

R – Constante universelle des gaz parfaits

R_e– Limite élastique à la traction.

R_r– Résistance à la rupture a la traction

R.D.C. – République Démocratique du Congo (ex. Zaire)

ROM – Run of mine – Minerai tout venant

SX – Extraction par solvant

TBP – Tri-n-butyl phosphate

tpa – tonnes par an

UF – sousverse de décanteur

U.R.S.S. – Union des République Socialistes Soviétiques

U.S.A. – Etats Unis d'Amérique

Z.C.C.M. – Zambia Consolidated Copper Mines

I.Préface

Le cobalt, métal assez peu connu, entre dans la plupart des alliages ayant leur utilité allant de l'aéronautique civile ou militaire, aux outils de coupe tout en passant par les peintures, les aimants, les disques compactes, les bandes audio et vidéo, les batteries des voitures hybrides, des téléphones, des ordinateurs portables et des simulateurs cardiaques. Toutes les voitures, tous les camions, quasiment tous les véhicules automoteurs contiennent leur part de cobalt. On voit bien que tout homme ou femme depuis plusieurs décennies est grand consommateur de cobalt.

Actuellement, prêt de 20% de la production mondiale de cobalt, soient prêt de 10 000 tonnes et 60% de la production mondiale de super-alliages à base de cobalt sont récupérés par les USA qui considèrent ce métal comme hautement stratégique au point que sa carence pourrait affecter sérieusement ses domaines économiques, industriels et militaires ainsi que ceux de nombreux pays hautement industrialisés.

On trouve ainsi dans cet ouvrage des informations sur l'origine, l'élaboration du cobalt, son recyclage et son utilisation tout cela illustré de près de 80 flow-sheets, croquis et graphes.

Cet ouvrage est un recueil, une mine d'informations, d'expériences et de pratiques industrielles utiles à avoir pour mieux connaître l'un des métaux le plus influent sur l'échiquier stratégique et économique mondial.

Roger RUMBU, *Met. Eng., PPM.*

II.Introduction

1. <u>Origine et intérêt du cobalt</u>

La smaltite - $(Co, Fe, Ni)As_2$, minerai de cobalt, a été utilisée à l'époque comme colorant du verre dans l'Europe ancienne tandis que les chinois utilisaient d'autres minerais de fer pour colorer des porcelaines de l'époque des dynasties Tang et Ming mais certaines sources parlent d'utilisations débutant près de 2000 ans avant Jésus-Christ.

Le nom cobalt dérive du nom attribué aux "esprits de montagne, esprits du mal" dans l'ancienne Allemagne, les kolboden, par le fait que sa métallurgie échappait aux anciens et qu'elle affectait leur santé. Cela était dû au dégagement de trioxyde d'arsenique As_4O_6 que l'on rencontre parfois avec le cobalt dans la nature. La production de métal à partir de minerais de cobalt semblait impossible à réaliser sur base de procédés primitifs de l'époque et c'est ainsi que les fondeurs pensaient que cela était dû à un mauvais esprit de la montagne. Plus tard, le mot s'est altéré pour être latinisé finalement en cobaltum.

Le cobalt a été découvert par le chimiste George Brandt vers 1735, en 1780, il a été isolé par Tobern Olof Bergman de nationalité suédoise comme le précédent, qui en a étudié les propriétés. Axel Cronstedt (1722–1765), étudiant de Bergman a quant à lui découvert le nickel, prouvant d'une certain manière que ces deux métaux ont toujours été liés.

Ainsi, avant la découverte du métal, les industries de la verrerie, de la poterie et de la céramique étaient les seuls consommatrices d'oxyde de cobalt.

Le cobalt a la particularité de conserver ses propriétés mécaniques même à hautes températures. Il a une faible conductivité thermique et électrique. C'est un matériau ferromagnétique susceptible d'être magnétisé et qui peut garder son état jusqu'à 1121°C (point de Curie). La particularité de former de nombreux alliages font qu'avec les autres propriétés, le cobalt est un métal abondamment utilisé industriellement.

Les pays grands producteurs de cobalt sont la République Démocratique Congo (ex-Zaïre), qui dispose aussi de grandes réserves, la Zambie, le Canada, la Finlande et les pays de l'ancienne U.R.S.S..

La République Démocratique du Congo (R.D.C.) a été pendant de nombreuses années le plus grand producteur de cobalt du monde jusqu'à atteindre la production de 14 500 tonnes en 1986. Sa production a progressivement chuté suite à la faiblesse de la gestion de l'entreprise d'état Gécamines mais les partenariats conclus par cette dernière ont relancé sensiblement la production de ce pays dans la province du Katanga.

Le cobalt, métal rare dans l'écorce terrestre nous entoure dans la vie courante et il y a différents usages insoupçonnés que ses propriétés lui confèrent et qu'il est utile de décrire.

Il est évident que le processus de production et de consommation d'un métal est initié par le niveau de développement d'un pays ou d'une zone particulière.

La production directe de cobalt à partir d'un de ses minerais est rare et elle est effectuée particulièrement à partir d'arsénides à Bou Azzer au Maroc, au Canada et dans l'Idaho aux USA.

Au début des années 1940, la production de cobalt était réalisée à 75% en Afrique (R.D.C et Zambie) comme production secondaire de la métallurgie du cuivre et le prix de vente était relativement stable ($1.75–2.50/lb) de 1925–1965 pour la simple raison que les deux pays précités étaient sous gestion coloniale dans l'intérêt des exploitants-utilisateurs.[4]

L'évolution de la production du nickel par le procédé ammoniacal Caron à Nicaro au Cuba pour des minerais oxydes, l'extraction du cobalt de sources nickélifères sulfurées par le procédé Mond à Clyddach au Pays de Galles, plus tard la lixiviation acide sous-pression (PAL - Pressure Acid Leaching) à Moa Bay au Cuba pour l'extraction de nickel des minerais oxydés, le développement de la lixiviation sous-pression du cobalt suivie de sa précipitation sous hydrogène par Sherritt-Gordon ont fait que la métallurgie du nickel est devenue une nouvelle et non moins abondante source cobaltifère.

La transformation de la métallurgie du cobalt est devenue plus évidente avec le développement à la fin des années 1960 de l'extraction par solvent nickel/cobalt à Xstrata Nikkelverk AS en Norvège.

La rythme de croissance de l'économie chinoise et les difficultés liées à son extraction en Afrique central d'ordre économique et politique essentiellement ont fait que le cours de ce métal s'est retrouvé vers des valeurs relativement hautes oscillant entre $20-50/lb.

La demande s'inscrit en hausse régulière au rythme de 4% l'an. Elle est tirée par l'industrie des batteries rechargeables, par la demande en superalliages et les besoins de l'industrie de l'armement, des secteurs porteurs.

Le cobalt est un métal stratégique à usages essentiellement industriels, aéronautique et énergétique en particulier grâce à sa bonne tenue même à hautes températures.

Tableau 1 – Repartitions de la production du cobalt à partir des ressources minières et des procédés.[5]

	1995	2005	2010
Ni-(Cu-Co) Sulfures	38	21	17
Ni-(Co) Latérites	9	18	31
Cobalt primaire	20	34	29
Cobalt secondaire	18	20	15

Répartition de la production à partir des procédés

	1995	2005	2010
Ni-(Cu-Co) Sulfures	38	21	17
Ni-(Co) Latérites	9	18	31
Cu-(Co) Sulfures	35	38	35
Co-(As) Sulfures	0	3	2
Sources secondaires	18	20	15

Répartition de la production à partir des sources minières

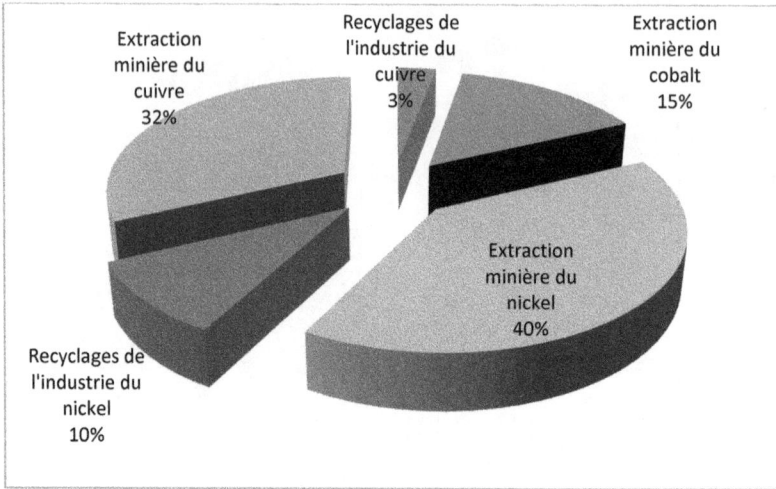

Extraction minière du cuivre 32%

Recyclages de l'industrie du cuivre 3%

Extraction minière du cobalt 15%

Extraction minière du nickel 40%

Recyclages de l'industrie du nickel 10%

Figure 1 – Sources de cobalt.

2. Intérêt de la métallurgie du cobalt et production

Des métallurgies diverses se sont développées selon :

- la quantité et la qualité des espèces minérales en présence,
- les moyens financiers disponibles,
- les moyens techniques,
- l'énergie à mettre en jeu,
- les normes environnementales,
- les besoins du marché.

Le cobalt, métal quelque peu capricieux, implique que l'on s'intéresse à tous les éléments qui l'accompagnent tels que le fer - Fe, le cuivre - Cu, le zinc - Zn, le nickel - Ni, le manganèse - Mn, l'oxyde de magnésium - MgO et le calcium - Ca dont l'élimination complexe ou non rend encore plus attrayante son raffinage en hydrométallurgie ou en pyrométallurgie.

Le cobalt a pu bénéficier de toutes les avancées métallurgiques de ces dernières décades pour arriver à des résultats insoupçonnés il y a peu grâce à l'extraction par solvant ou par résine échangeuse d'ions.

3. Etat naturel

Le cobalt est généralement une production secondaire d'autres métaux tels que le cuivre, le nickel, le zinc, le fer et l'argent. Il apparaît à l'état naturel dans quatre types de dépôts tels que les strates cuprifères du copper-belt zambien et congolais, les dépôts sulfurés cupro-nickelifères canadiens, russes (Caucase) et australiens, dans les latérites nickélifères et les sulfo-arséniures cobalto-argentifères du Cuba, de la Nouvelle-Calédonie, de Madagascar et de l'Australie. On le trouve également en Finlande, en Suède, en Norvège, au Maroc, au Burma, au Zimbabwe, en Indonésie et au Japon.

Le fait que le cobalt soit généralement un élément accompagnant en faible proportion d'autres métaux (by-product) rend son extraction métallurgique quelque peu complexe.

La baisse des potentialités de production du copper-belt africain à la fin des années 1990 selon le procédé de grillage-lixiviation-électrolyse a été compensée par le développement de la production du cobalt comme produit secondaire de la métallurgie du nickel d'origine latéritique ayant un ratio cobalt-nickel plus élevé que les gisements de sulfures conventionnellement exploités.

Les sources actuelles de cobalt sont :

–   La métallurgie extractive du nickel : 48%.

- Les métallurgies du cuivre et autres : 37%.
- La métallurgie des sources cobaltifères : 15%.

Le cobalt ne se trouve à l'état natif que dans les météorites.

Les minerais les plus rencontrés ayant un intérêt économique sont :

Les sulfures tels que :

- la linnaeite (pyrite de cobalt) : $Co^{2+}Co_2^{3+}S_4$ ou $(Ni, Cu, Fe, Co)_xS_y(Co_3S_4)$
- la carrolite : $Cu(Co, Ni)_2S_4$
- la pentlandite : Co_9S_8
- la cattierite : CoS_2
- la cattierite nickélifère : $(CoNi)S_2$
- la jaipurite : CoS

Les arséniures dont :

- la skuttérudite $(Ni, Co)_xAs_y(CoAs_3)$ qui est un minerai riche en cobalt de la série des smaltites (la skuttérudite ou la smaltite- $CoAs_{2-3}$).
- la cobaltite ou le brillant de cobalt : $CoAsS$.
- la safflorite $(Co, Fe)As_2$ qui est un minéral rare. Il a été trouvé autrefois en Suède.
- le glaucodot qui est un arséno-sulfure de cobalt $(Co, Fe)AsS$.

Les oxydes associés aux sulfures de fer, cuivre, nickel :

- l'asbolite ou l'absolane : $(Co, Ni)_{2-x}Mn^{4+}(O, OH)_4 . nH_2O$ ou $(Co, Ni)O . 2MnO_2 . MnO_2 . 4H_2O$
- la sférocobaltite : $CoCO_3$
- l'hétérogénite qui est un oxyde hydraté de cobalt et de cuivre – $CoOOH$. On rencontre également de l'hétérogénite sous la forme cristallisée $CoO . 3Co_2O_3 . CuO . 7H_2O$
- la Kolwezite - $(Cu, Co)_2CO_3(OH)_2$, c'est une forme de malachite où une partie du cuivre a été remplacée par du cobalt.

On rencontre également des altérations d'arséniures telles que :

- l'érythrine ou le sang de cobalt $Co_3(AsO_4)_2 . 8H_2O$ ou $3CoO . As_2O_5 . 8H_2O$.
- la rosélite $Ca_2(Co, Mg)(AsO_4)_2 . 2H_2O$.

On trouve également du cobalt (~2%) dans des nodules de manganèse, dans des minerais de nickel, ainsi que dans la pyrite de cobalt-nickel ou sigénite $(Co, Ni)_3S_4$.

Mis à part en R.D.C. (République Démocratique du Congo) où les teneurs des gisements sont particulièrement hautes (1-5%), les minerais exploités actuellement ne titrent que de 0,1 à 0,5 %. Près de 55 % du cobalt mondial provient du copper-belt de l'Afrique australe (R.D.C.-Zambie) et 40% sont issus de la production de nickel (Russie, Cuba et Canada). L'inefficacité de la flottation du cobalt dans les minerais oxydés (40-80%) fait que les rejets des concentrateurs contiennent à ce jour des quantités non négligeables de cobalt supposant une métallurgie ultérieure.

De nombreuses usines existent depuis plusieurs années en utilisant la scorie de la pyrométallurgie du cuivre notamment comme source d'alimentation en cobalt.

Les projections de productions des entreprises en développement montrent que la R.D.C. va redevenir un producteur majeur de cobalt avec comme conséquence probable la chute du cours de ce métal à terme si la demande ne dépasse pas l'offre mais cela est peu probable compte-tenu des évolutions technologiques actuelles nécessitant son usage.

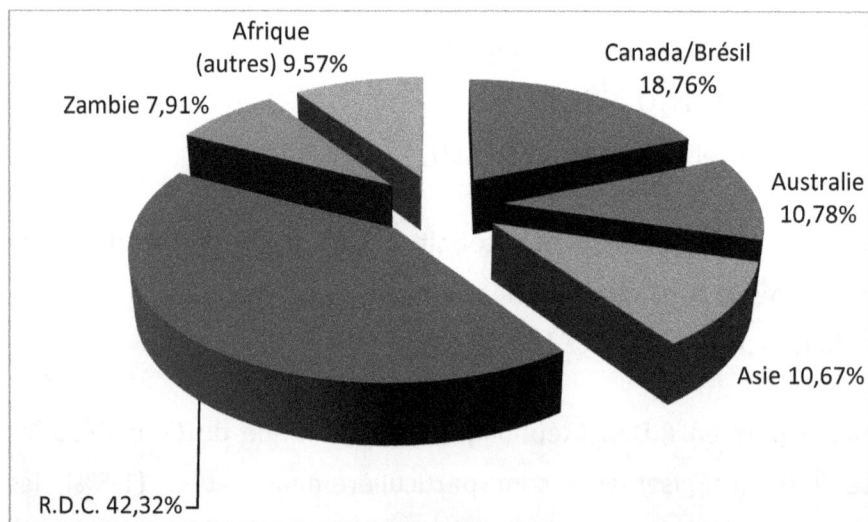

Figure 2 – Mine production par région de 2004 à 2008.

Cette production est ventilée dans le Tableau 4.

La production mondiale annuelle du cobalt se situe entre 55 000 et 60 000 tonnes dans la première décade des années 2000. Une certaine proportion de la producton mondiale n'est pas maîtrisée, d'où des estimations sont établies pour certains pays.

Tableau 2 – Réserves mondiales de cobalt en 2008 en milliers de tonnes.[1]

	x 1 000 t	% du total
R.D. Congo	3 400	47.9
Australie	1 500	21.1
Cuba	1 000	14.1
Zambie	270	3.8
Russie	250	3.5
Nouvelle-Calédonie	230	3.2
Canada	120	1.7
Chine	72	1
Etats-Unis d'Amérique	33	0.5
Brésil	29	0.4
Maroc	20	0.3
Reste du monde	180	2.5
Total	7 104	100

Les nodules sous-marins (non exploitables dans les conditions économiques actuelles) renfermeraient plusieurs millions de tonnes (4 à 7 millions de tonnes) de cobalt mais leur exploitation compte-tenu des sources disponibles n'est pas d'actualité.

Tableau 3 – Mine production mondiale de cobalt de 2004 à 2008 en tonnes

Pays	2004	2005	2006	2007	2008
Russie	4,257	4,748	4,759	3,587	2,502
Botswana	223	326	303	242	337
Congo (RDC) *	20,200	24,500	27,100	25,300	31,000
Maroc	1,600	1,600	1,100	1,290	1,257
Afrique du Sud	309	268	267	307	244
Zambie	5,791	5,422	4,648	4,229	3,841
Zimbabwe	59	275	26	29	28
Canada	5,060	5,767	7,115	8,692	8,644
Cuba	3,554	3,768	4,150	3,977	3,428
Brésil *	4,300	4,300	4,300	4,300	4,300
Chine	1,253	2,104	1,840	2,000	2,000
Indonésie *	650	650	650	650	650
Australie	2,004	5,198	5,736	5,325	5,770
Nouvelle-Calédonie	2,726	1,769	1,629	1,620	869
Total	51,986	60,695	63,623	61,548	64,870

* Production estimée.

Tableau 4 – Production mondiale de cobalt métallique (tonnes).[3]

Membre CDI (a)	2003	2004	2005	2006	2007	2008	2009
BHPB/QNL, Australie	1,800	1,900	1,400	1,600	1,800	1,600	1,700
CTT, Maroc	1,431	1,593	1,613	1,405	1,591	1,711	1,600
Eramet France	181	199	280	256	305	311	368
Gécamines, RDC (b)	1,200	735	600	550	606	300	415
ICCI, Canada	3,141	3,225	3,391	3,312	3,573	3,428	3,721
OMG, Finlande	7,990	7,893	8,170	8,580	9,100	8,950	8,850
Sumitomo, Japon	379	429	471	920	1,084	1,071	1,332
Umicore, Belgique (c)	1,704	2,947	3,298	2,840	2,825	3,020	2,150
Vale Inco, Canada	1,000	1,562	1,563	1,711	2,033	2,200	1,193
Xstrata, Norvège	4,556	4,670	5,021	4,927	3,939	3,719	3,510
Chambishi Metals PLC, Zambie	4,570	3,769	3,648	3,227	2,635	2,591	235
Total	27,952	28,922	29,455	29,328	29,491	28,901	25,074

Non-Membre CDI	2003	2004	2005	2006	2007	2008	2009
Chine (d)	4,576	8,000	12,700	12,700	13,245	18,239	23,138
Inde (e)	255	545	1,220	1,184	980	858	1,001
Katanga, RDC						749	2,535
Kasese, Ouganda		457	638	674	698	663	673
Minara, Australie	2,039	1,979	1,750	2,096	1,884	2,018	2,350
Mopani Copper Mine, Zambie (f)	2,050	2,022	1,774	1,438	1,700	1,450	1,300
Norilsk, Russie (g)	4,654	4,524	4,748	4,759	3,587	2,502	2,352
Afrique du Sud	285	300	214	257	307	244	236
Votarim, Bresil	1,097	1,155	1,136	902	1,148	994	1,012
Total déclaré	14,956	18,982	24,180	24,010	23,549	27,717	34,597
DLA Deliveries (8)	1,987	1,632	1,199	294	617	203	180
Total	16,943	20,614	25,379	24,304	24,166	27,920	34,777

Total général	44,895	49,536	54,834	53,632	53,657	56,821	59,851

(a) CDI: Cobalt Development Institute
(b) Données 2008 et 2009 estimées. (c) Production Umicore Chine incluse.
(d) Sans production Umicore. (e) Productions 2008 et 2009 estimées. (f) Production estimée.
(g) Norilsk a quitté le CDI en 2009. (8) Stock stratégique américain.

La production mondiale réelle est sûrement plus importante car de nombreux pays déclarent des productions de métaux sans sources minérales. C'est le cas de pays tels que la Chine et la Finlande produisant des métaux provenant du traitement des minerais contenant du cobalt non déclaré à la source ou même de source minérale d'origine indéterminée. Cela constitue donc un manque à gagner important pour certains pays.

4. Forme marchande

L'option métallurgique d'où découle la forme marchande du cobalt dépend essentiellement de son utilisation finale. Le traitement du cobalt devant servir d'élément d'alliage pourra aller jusqu'à l'obtention d'une poudre métallique. La production de peintures, de colorants, de produits pharmaceutiques et autres ingrédients industriels nécessitera la production de sels de cobalt.

Le cobalt électrolytique est commercialisé sous-forme de pastilles ou sous-forme de plaquettes dégazées sous-vide selon l'aménagement des supports de déposition cathodique.

Le cobalt issu de l'électro-lixiviation est raffiné thermiquement au four à arc électrique avant d'être coulé en nodules à dégazer.

Le cobalt issu d'une réduction par l'hydrogène est un produit poudreux transformable en briquettes.

Les autres formes marchandes sont les carbonates de cobalt $CoCO_3$, l'oxyde de cobalt CoO, les hydroxydes de cobalt $Co(OH)_2$ ou autres sels selon le procédé utilisé ou la destination du produit.

5. Bibliographie

[1]- British Geological Survey, 2009.

[2]- Cobalt Development Institute, Cobalt Facts - 2006.

[3]- Cobalt Development Institute, 2009 Statistics.

[4]- K.G. Fisher, Trends in cobalt recovery technology, Cobalt development Institute, Cape Town, 2010.

[5]- Joël P.T. Kapusta, Cobalt Production and Markets: A Brief Overview, JOM, October 2006, pp.33-36.

[6]- R. Winand, Cours de Métallurgie des non-ferreux, Université Libre de Bruxelles, 1970.

III.Propriétés du cobalt pur

Dans le tableau périodique, le cobalt se trouve entre le fer et le nickel et a plusieurs propriétés chimiques et physiques communes à ces deux éléments. Comme ces deux métaux, le cobalt est un métal grisâtre.

1. <u>Numéro atomique et structure électronique</u>

Symbole : Co

Le cobalt est un métal de transition.

Famille : groupe 9 (VIIIB).

Numéro atomique : *27*

Masse atomique : *58,94 g.*

Densité : *8,86* g/cm^3 à *25°C*

Densité à l'état liquide : *7,75* g/cm^3

Structure électronique : $1s^2 2s^2 2p^6 3s^2 3p^6 3d^7 4s^2$

Valences : les étages d'oxydation communs du cobalt sont 0, +2 et +3. Il existe de nombreux cas où l'on a les étages −1, 1, +4, +5.

Rayon de Vanderwaals : 0,125 nm

Rayon ionique : 0,078 nm (+2) ; 0,063 nm (+3)

Energie de première ionisation : $757 \ kJ.mol^{-1}$

Energie de deuxième ionisation : $1666,3 \ kJ.mol^{-1}$

Energie de troisième ionisation : $3226 \ kJ.mol^{-1}$

Formes isotopiques : il a été identifié près de 36 isotopes de cobalt. Le cobalt est naturellement mono-isotopique car seul le cobalt 59 est stable à l'état naturel. L'isotope cobalt 60 est le plus stable. Les isotopes cobalt 48, cobalt 49 et cobalt 51 ne sont pas radioactifs. Les details sur les utilisations sont disponibles au point 10 du chapitre IX.

2.   <u>Systèmes cristallins et allotropie</u>

Il existe deux variétés allotropiques.

Co_α – forme hexagonale compacte

a = 2,507Å et c = 4,069 Å

Co_β – forme à faces centrées

a = 3,544 Å

La transformation $\alpha \rightleftarrows \beta$ se fait à 417± 7°C et est sensible à certaines impuretés.

La densité du cobalt α à 20°C est de 8,9 g/cm^3.

Le passage α $\longrightarrow$ β se fait avec un accroissement de volume de 0,3%.

La forme β peut être maintenue dans des conditions particulières à température ambiante, par trempe ou peut être obtenue en fonction de certaines conditions d'electrolyses.

Cette transition est parfois suspectée d'etre partie prenante dans l'éclatement du dépot cathodique lors de l'électrolyse.

3.   Propriétés thermiques

a) Conductibilité thermique : 0,165 $cal/°C.cm.sec - 100\ W.m^{-1}.K^{-1}$

b) Propriétés thermodynamiques :

Point de fusion : 1495°C

Point d'ébullition : 2500-3100°C

Chaleur latente de fusion : 58,4 cal/g – $16,06\ kJ.mole^{-1}$

Chaleur latente de vaporisation : 1500 cal/g – $377\ kJ.mole^{-1}$

Entropie standard : $S_{298°} = 0{,}10$ $cal/g - 0{,}42\ J.g^{-1}$

Capacité calorifique de :

$Co_{\alpha}: C_p = 5{,}11 + 3{,}42.10^{-3}T - 0{,}21.10^{-5}T^{-2} \text{cal/°K. mole}$

$Co_{\beta}: C_p = 3{,}30 + 5{,}86^{-3}T \text{cal/°K. mole}$

$Co_{Liquide}: 8{,}30 \text{cal/°K. mole}$

4. <u>Propriétés électriques</u>

Résistivité à 20°C : $6,24.10^{-6}$ $\Omega.cm$.

La résistivité croît avec la température.

Potentiel d'électrode :

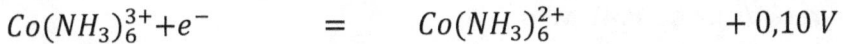

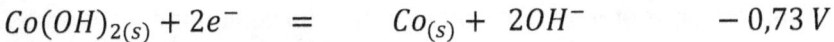

$$Co_3O_{4(s)} + 8H^+ + 2e^- \quad = \quad 3Co^{2+} + 4H_2O \qquad + 2,11\,V$$

$$Co^{3+} + e^- \quad = \quad Co^{2+} \qquad\qquad\qquad + 1,84\,V$$

$$Co_2O_{3(s)} + 6H^+ + 2e^- \quad = \quad 2Co^{2+} + 3H_2O \qquad + 1,75\,V$$

$$CoO(OH)_{(s)} + H_2O + e^- \quad = \quad Co(OH)_{2(s)} + OH^- \quad + 0,17\,V$$

$$Co(NH_3)_6^{3+} + e^- \qquad = \qquad Co(NH_3)_6^{2+} \qquad + 0,10\,V$$

$$Co^{2+} + 2e^- \quad = \quad Co \qquad\qquad\qquad - 0,28\,V$$

$$Co(OH)_{2(s)} + 2e^- \quad = \quad Co_{(s)} + 2OH^- \qquad - 0,73\,V$$

5. <u>Propriétés magnétiques</u>

Le cobalt est l'un des trois métaux naturellement magnétique avec le fer et le nickel. Ces propriétés magnétiques sont plus évidentes sous-forme d'alliages.

Plus d'explications sont disponibles au point 5 du chapitre IX sur l'usage du cobalt.

6. <u>Propriétés mécaniques</u>

Cobalt électrolytique : R_r = 40 kg/mm²

                : R_e = 30,2 kg/mm²

Cobalt refondu sous vide au four à arc : $R_r = 8,7 \; kg/mm^2$

                : $R_e = 5,7 \; kg/mm^2$

On peut ainsi observer l'effet du traitement thermique sur la tenue mécanique du cobalt.

Dureté Brinell : 700 MPa

Dureté Vickers : 1043 MPa

Module de Young : 209 GPa

Le cobalt est un métal ductile pouvant être forgé, laminé à chaud ou à froid ou étiré en fils.

7. <u>Propriétés chimiques</u>

7.1 <u>*Comportement du cobalt en milieux aqueux*</u>

Le cobalt à l'état métallique est pratiquement insoluble dans l'eau froide ou chaude. Il toutefois soluble dans l'eau lorsqu'il est à l'état métallique finement divisé pour atteindre une teneur de 1,1 mg/l.[2]

Le cobalt chauffé au rouge réagit avec l'eau pour donner de l'oxyde de cobalt *CoO*.

$$2Co_{(s)} + O_{2(g)} \quad \rightarrow \quad 2CoO_{(s)}$$

Dans les cours d'eau douce ou les eaux marines, le cobalt est adsorbé en grande quantité par les sédiments. On le retrouve également précipité sous forme de carbonate ou d'hydroxyde ou bien avec les oxydes des minéraux présents. L'adsorption ou la complexation avec des substances humides sont également possibles mais dépendent de facteurs environnementaux comme le pH.

Le pH du milieu influence la distribution du cobalt : plus le pH est élevé plus le cobalt est complexé, en particulier avec des carbonates aux dépens du cobalt libre. L'adsorption du cobalt par les sédiments augmente elle aussi avec le pH. Un milieu acide favorise le cobalt sous forme libre.

La présence de polluants organiques dans le milieu aquatique modifie également la distribution des espèces du cobalt : les quantités de cobalt adsorbées sur les sédiments diminuent au profit du cobalt dissous et du cobalt précipité ou co-précipité quand la concentration en matière organique augmente.

7.2 *Comportement du cobalt en présence d'acides.*

L'acide chlorhydrique HCl fumant ou dilué, l'acide sulfurique dilué, l'acide sulfo-nitrique $(H_2SO_4 + HNO_3)$ en proportions variables diluent le cobalt avec respectivement des dégagements d'hydrogène et de vapeurs nitreuses.

Lors de l'attaque du cobalt par de l'acide sulfurique dilué, il se forme une solution aqueuse contenant des ions $Co(II)$ avec de l'hydrogène gazeux. En pratique, le cobalt est sous forme d'ion complexe $[Co(OH_2)_6]^{2+}$:

$$Co_{(s)}+H_2SO_{4(aq)} \quad \rightarrow \quad Co^{2+}_{(aq)}+SO^{2-}_{4(aq)}+H_{2(g)}$$

$$Co_{(s)}+2HNO_3 \quad \rightarrow \quad Co(NO_3)_2+H_{2(g)} \text{ (Précipité rouge)}$$

L'acide nitrique dilué HNO_3 (50% – densité 1,3) attaque le cobalt tandis que l'acide concentré (100% – densité 1,5) le passive. La réaction du cobalt avec l'acide nitrique est vigoureuse.

L'acide fluorhydrique HF concentré ou non attaque le cobalt ainsi que l'acide orthophosphorique dilué H_3PO_4.

7.3   *Comportement du cobalt en présence d'halogènes*

Le bromure de cobalt CoBr$_2$ est obtenu par la réaction directe du cobalt métallique avec du brome :

$$Co_{(s)}+Br_{2(l)} \quad \rightarrow \quad CoBr_{2(s)} \text{ (Précipité vert)}$$

Des réactions analogues existent pour des réactions avec le chlore et l'iode :

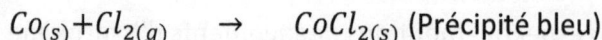

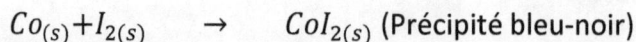

$$Co_{(s)}+Cl_{2(g)} \quad \rightarrow \quad CoCl_{2(s)} \text{ (Précipité bleu)}$$

$$Co_{(s)}+I_{2(s)} \quad \rightarrow \quad CoI_{2(s)} \text{ (Précipité bleu-noir)}$$

7.4 Comportement du cobalt à l'air libre

A température ambiante, il est très stable et pratiquement inoxydable. Il s'oxyde toutefois en présence d'air sec ou humide à des températures supérieures à 300°C en se couvrant d'une pellicule de Co_3O_4 qui perd de l'oxygène vers 900°C pour donner CoO.

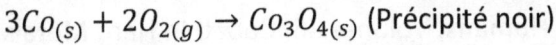

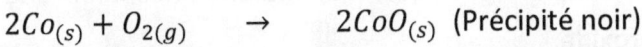

$$3Co_{(s)} + 2O_{2(g)} \rightarrow Co_3O_{4(s)} \text{ (Précipité noir)}$$

$$2Co_{(s)} + O_{2(g)} \quad \rightarrow \quad 2CoO_{(s)} \text{ (Précipité noir)}$$

7.5 Comportement du cobalt vis-à-vis d'autres éléments

Le nombre atomique du cobalt est 27. Sa structure électronique justifie les valences multiples telles que Co^+, Co^{+2} et Co^{+3} ainsi que la large gamme d'utilisation.

L'oxyde de cobalt fondu avec de la silice et mêlée à d'autres éléments peut donner de nombreux pigments du bleu au jaune en passant par le noir.

8. Bibliographie

[1]-R. Winand, Cours de Métallurgie des non-ferreux, Université Libre de Bruxelles, 1970.

[2]-World Health Organization, International Agency for Research on Cancer, IARC Monographs on the evaluation, Evaluation of Carcinogenic Risks to Humans, Volume 86, Cobalt in Hard Metals and Cobalt Sulfate, Gallium Arsenide, Indium Phosphide and Vanadium Pentoxide.

IV. Hydrométallurgie du cobalt

1. Introduction

La métallurgie extractive du cobalt à partir de minerais sulfurés ou oxydés est généralement associée à celles du cuivre et du nickel.

Comme les minerais associés contiennent du nickel, du fer, de l'argent, du bismuth, du cuivre, du manganèse, de l'antimoine et du zinc, la métallurgie du cobalt inclut des techniques poussées de séparation et de purification.

Les opérations essentielles de production du cobalt se font selon les voies suivantes :

- Production du cobalt dans le traitement des minerais cuprifères ou nickélifères ;
- Concentration du matériau cobaltifère au cours de traitements hydrométallurgiques ou pyrométallurgiques du cuivre ou du nickel ;
- Purification de solutions par des techniques de séparations à l'état liquide telles que la précipitation sélective, l'extraction par solvants, les échangeurs d'ions ;
- Production de cobalt métallique, cobalt en poudre, précipité de cobalt par des procédés indépendants tels que l'électro-raffinage, l'électro-obtention ou des réductions/précipitations.

2. Lixiviation du cobalt

La faible récupération du cobalt lors de la flottation des minerais oxydés a poussé à des développements tels que la lixiviation des minerais tout venant (Whole Ore Leaching – WOL) par agitation ou préférentiellement en tas. Ces techniques nécessitent une disponibilité en acide abondante et bon marché. La lixiviation bactérienne ou bio-lixiviation est également appliquée d'une manière économiquement avantageuse.

Le cobalt bivalent Co^{2+} se lixivie aisément tandis qu'en présence de cobalt trivalent Co^{3+}, on recourt à des réducteurs tels que le cuivre pulvérulent, le dioxyde de soufre SO_2 le métabisulfite de sodium $Na_2S_2O_5$, le formaldéhyde (ou formol) ou des ions ferreux Fe^{2+} pour améliorer le rendement de lixiviation.

Le développement de la lixiviation sous-pression des arséniures dont le traitement a été longtemps entravé par des considérations environnementales connaît une reprise.

La lixiviation sous-pression est applicable à des sources minérales sulfurées et permet également la mise en solution du cobalt contenu dans des alliages issus du traitement de scories cobaltifères.

2.1 *Lixiviation en présence de SO₂*

Le dioxyde de soufre SO_2 peut être produit par l'attaque du métabisulfate de sodium par l'acide sulfurique selon la réaction :

$$Na_2S_2O_5 + H_2SO_4 \quad \rightarrow \quad Na_2SO_4 + 2SO_2 + H_2O$$

La lixiviation d'un concentré cupro-cobaltifère en présence du réducteur SO_2 montre une mise en solution sélective pour le cobalt laissant dans le résidu plus de cuivre et de fer.

L'hétérogénite qui est une espèce minérale dans laquelle le cobalt est à la valence 3 est aisément lixiviée en presence de dioxyde de soufre SO_2 qui agit aussi indirectement par le fer.

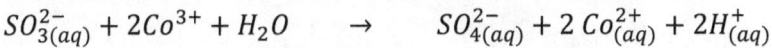

$$SO_{2(g)} + H_2O_{(aq)} \quad = \quad H_2SO_{3(aq)}$$

$$2Fe^{3+} + SO_2 + 2H_2O \quad \rightarrow \quad SO_{4(aq)}^{2-} + 2\,Fe_{(aq)}^{2+} + 4H_{(aq)}^{+}$$

$$SO_{3(aq)}^{2-} + 2Co^{3+} + H_2O \quad \rightarrow \quad SO_{4(aq)}^{2-} + 2\,Co_{(aq)}^{2+} + 2H_{(aq)}^{+}$$

2.2   Lixiviation par H_2SO_4

Mulaba-Bafundiandi et al.[23] a montré que la présence de SO_2 dans le milieu réactionnel améliore sensiblement la lixiviation du cobalt probablement par son rôle réducteur.

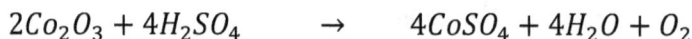

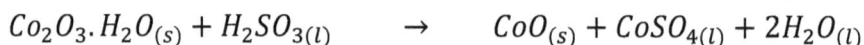

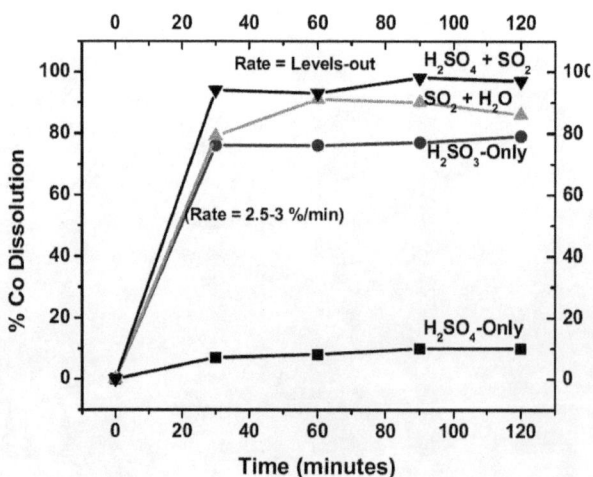

$$Co_2O_3 + 2H_2SO_4 + 2Fe + O_2 \quad \rightarrow \quad 2CoSO_4 + Fe_2O_3 + 2H_2O$$

$$2Co_2O_3 + 4H_2SO_4 \quad \rightarrow \quad 4CoSO_4 + 4H_2O + O_2$$

$$Co^{3+} + Fe^{2+} \quad \rightarrow \quad Co^{2+} + Fe^{3+}$$

$$CoO.Co_2O_{3(s)} + H_2SO_{4(l)} \quad \rightarrow \quad CoSO_{4(l)} + Co_2O_3.H_2O_{(s)}$$

$$Co_2O_3.H_2O_{(s)} + H_2SO_{3(l)} \quad \rightarrow \quad CoO_{(s)} + CoSO_{4(l)} + 2H_2O_{(l)}$$

$$CoO_{(s)} + H_2SO_{4(l)} \quad \rightarrow \quad CoSO_{4(l)} + H_2O_{(l)}$$

Figure 3 – *Cinétique de lixiviation d'un minerai riche en cobalt.*

2.3 *Lixiviation du sulfure de cobalt CoS*

La lixiviation aqueuse des sulfures se déroule généralement sous pression à haute température et le temps de lixiviation est de 2 à 3 heures. Les sulfures métalliques sont convertis en sulfates tandis que le fer est emprisonné dans l'hématite précipitant dans l'autoclave.

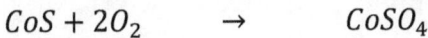

$$CoS + 2O_2 \quad \rightarrow \quad CoSO_4$$

L'inconvénient majeur de ce procédé est qu'il nécessite de hautes températures et des pressions élevées. Cet inconvénient a été contourné par Sherritt et consiste en l'usage de la lixiviation ammoniacale qui permet l'obtention plus aisée de complexes aminés.

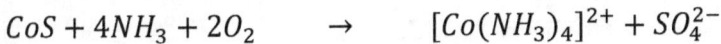

$$CoS + 4NH_3 + 2O_2 \quad \rightarrow \quad [Co(NH_3)_4]^{2+} + SO_4^{2-}$$

L'addition d'ammoniac doit être particulièrement contrôlée afin de ne pas former d'amines supérieures. Le fer quant à lui reste sous la forme de précipité $Fe(OH)_3$ d'où un avantage pour son élimination.

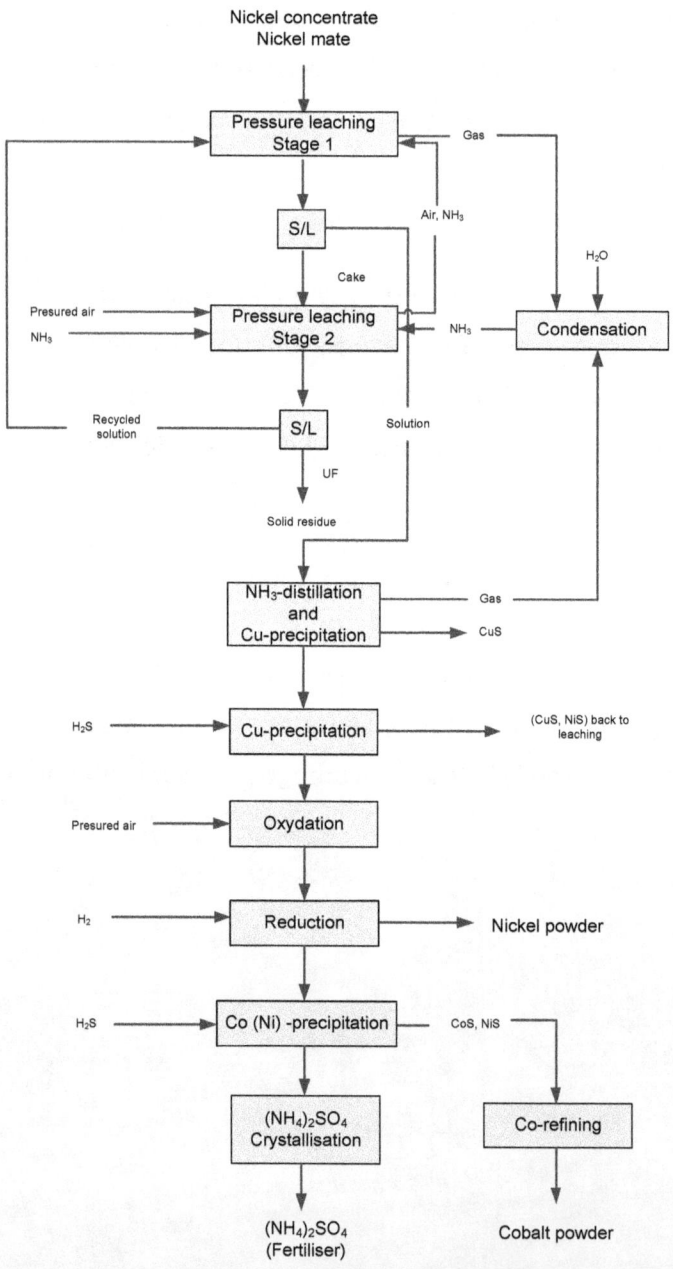

Figure 4 – Procédé Sherritt-Gordon pour le nickel.

2.4   *Lixiviation ammoniacale*

Cette technique de lixiviation du cobalt tire son origine du traitement des minerais latéritiques dans la métallurgie du nickel.

Le minerai subit un grillage réducteur à environ 750°C dans un milieu avec défaut stœchiométrique en oxygène. On s'assure que le cobalt et le nickel sont réduits ainsi à l'état métallique tout en minimisant la réduction du fer accompagnant.

Les métaux sont lixiviés ensuite dans un milieu ammoniacal aéré pour donner les complexes aminés suivants :

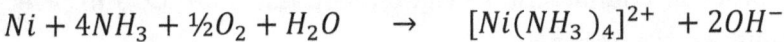

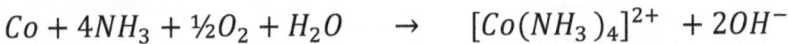

$$Ni + 4NH_3 + \tfrac{1}{2}O_2 + H_2O \quad \rightarrow \quad [Ni(NH_3)_4]^{2+} + 2OH^-$$

$$Co + 4NH_3 + \tfrac{1}{2}O_2 + H_2O \quad \rightarrow \quad [Co(NH_3)_4]^{2+} + 2OH^-$$

Le nickel et le cobalt peuvent être ainsi extraits par divers procédés tels que la précipitation par les sulfures, l'extraction par solvant en milieu ammoniacal (ASX Process – Ammoniacal Solvent Exchange Process).

2.5   *La lixiviation des arséniures de cobalt*

Les procédés Chemico (Chemico process – USA) et Cobatec (Ontario-Canada) consistent en une lixiviation sous pression en présence d'acide sulfurique pour extraire le cobalt des arséniures.

Ces procédés ont permis d'extraire du cobalt à partir de minerais à teneur élevée en arsenic dont la présence constituait auparavant un obstacle sur le plan métallurgique. Lorsque le minerai est soumis à la lixiviation sous pression en présence d'oxygène, les arséniures sont oxydés en arséniates et réagissent avec le fer pour donner de l'arséniate ferrique stable $FeAsO_4$. Les sulfures oxydés en sulfates réagissent avec le calcaire pour former du gypse $CaSO_4.2H_2O$ qui, avec l'arséniate ferrique et d'autres matières insolubles, est séparé de la phase liquide riche en cobalt et acheminé vers une décharge ou un bassin de rétention.

Les métaux sont ensuite extraits de la liqueur riche en espèces métalliques dans une unité d'extraction par solvant pour extraire le nickel et le cobalt.

Pour le procédé Chemico, la lixiviation se passe sous 12 atm. avec l'acide sulfurique à 200°C.

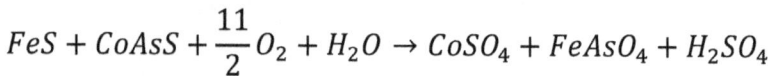

$$FeS + CoAsS + \frac{11}{2}O_2 + H_2O \rightarrow CoSO_4 + FeAsO_4 + H_2SO_4$$

2.6 *Bio-lixiviation*

La bio-lixiviation ou lixiviation bactérienne appliquée à l'extraction du cobalt ou à d'autres non-ferreux ou métaux précieux à partir de composés sulfurés pauvres est une alternative économiquement avantageuse au procédé grillage-lixiviation.

La bio-lixiviation a les avantages suivants :

- une bonne sélectivité,
- une faible demande énergétique,
- un impact environnemental contrôlable.

Cette lixiviation peut avoir lieu en milieu agité ou non.

Il est appliqué deux mécanismes de bio-lixiviation, le mode direct et le mode indirect.

Les bactéries utilisées peuvent être l'acidithiobacillus caldus, l'acidithiobacillus ferrooxidans et le leptospirillum ferrooxidans.

Dans le mode indirect, les bactéries réagissent sur le fer (II) pour donner le fer (III) tandis que pour le mode direct, les bactéries attaquent directement la surface du minéral. Cette théorie est sérieusement mise en doute car en l'absence de fer dans la solution, il n'est pas prouvé d'attaque par les bactéries.[7]

Les bactéries qui sont des organismes mono-cellulaires se développant par scissiparités ont besoin d'énergie solaire, d'air et de dioxyde de carbone pour leur métabolisme. Les bactéries ont besoin de fer et de soufre pour assurer leur rôle métallurgique final consistant à oxyder le fer (II) en fer (III) et le soufre en acide sulfurique. Les bactéries ont aussi besoin de carbone issue de CO_2 pour leur constitution.

Les bactéries sont pour la plupart autotrophes, c'est-à-dire qu'elles sont capables de créer elles-même leurs propres matières organiques à partir d'éléments minéraux à l'aide de la photosynthèse.

Leur milieu d'existence est acide, inférieur à pH=2,5 pour leur développement et leur survie idéale.

Chimisme des réactions de lixiviation

$$2FeS_2 + 7\,O_2 + 2H_2O \; \rightarrow \; 2FeSO_4 + 2H_2SO_4 \qquad (1)$$

$$FeS_2 + Fe_2(SO_4)_3 \quad \rightarrow \quad 3FeSO_4 + S° \qquad (2)$$

$$2S° + 3\,O_2 + 2H_2O \quad \rightarrow \quad 2H_2SO_4 \qquad (3)$$

$$4FeSO_4 + O_2 + 2H_2SO_4 \rightarrow 2Fe_2(SO_4)_3 + 2H_2O \qquad (4)$$

$$3Fe_2(SO_4)_3 + 10H_2O \rightarrow 2Fe_3(SO_4)_2(OH)_5 + 5H_2SO_4 \quad (5)$$

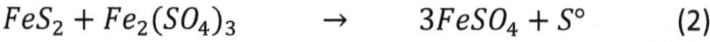

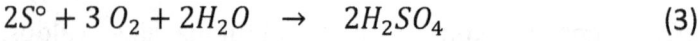

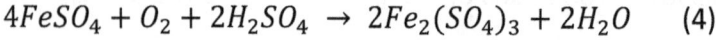

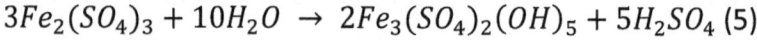

La cinétique de la lixiviation bactérienne est fonction de la surface minérale active, autrement dit, plus les particules sont finement broyées plus la lixiviation est meilleure.

La cinétique de dissolution peut être exprimée par :[41]

$$\frac{dM}{t} = 3\alpha\rho D_P^2 \;\frac{d(dDp)}{dt}$$

avec la masse M de la particule et dD_p son diamètre.

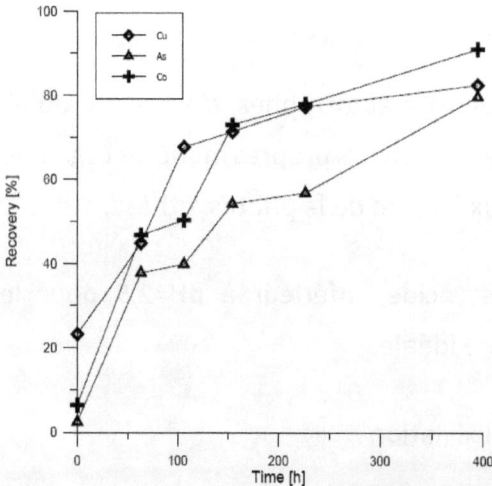

Figure 5 – Extraction de Cu, Co et As. Dimension – 0.315 mm.

Le milieu réactionnel est maintenu entre pH 1.5 à 3 à 30°C pour les bactéries mésophiles. Cette gamme de pH est non particulièrement sélective mais tout doit être fait pour éviter la mise en solution excessive d'éléments indésirables et de silice ayant la particularité de produire des composés gélatineux.

Certaines bactéries thermophiles résistent particulièrement à des températures au-delà de 40°C mais meurent vers 60°C. Les extrêmement thermophiles se maintiennent de 60 à 85°C, il s'agit de l'acidianus brierleyi, du sulfolobus metallicus et de la metallosphaerasedula.[2]

Lors de la lixiviation bactérienne, l'acide produit peut être consommé par des composés tels que les carbonates et les micas contenus dans le minerai. La consommation ou la production d'acide dépendra donc de diverses réactions de dissolution, précipitation, oxydation et réduction.

Le minerai peut être aménagé pour une lixiviation en tas après agglomération ou pelletisation à l'aide d'un cylindre tournant avec humectation de solution cobaltifère et appoints d'acide sulfurique comme effectué dans la métallurgie du cuivre. Environ 10% du volume circulant est écarté pour le processus de purification mais le volume est maintenu constant par ajout d'eau.

2.7   *Autres procédés*

Il existe le procédé hydrométallurgique Activox qui comporte une combinaison de broyage fin et de lixiviation oxydante sous faible pression pour traiter des minerais à faible teneur.

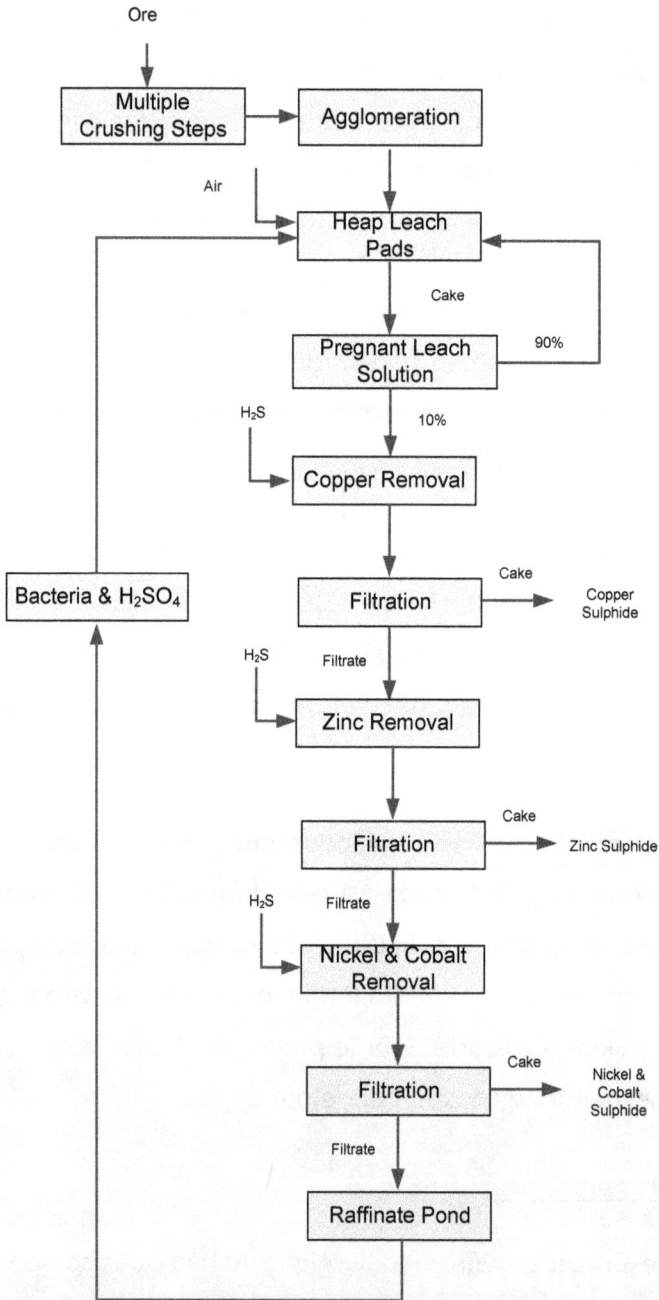

Figure 6 – Flow-sheet Talvivaara.

3. <u>Lixiviation des phases métalliques</u>

3.1   Attaque du cobalt métallique et des alliages

La lixiviation est réalisée en milieu acide chlorhydrique.

La matte contenant du nickel, cobalt, fer et soufre est d'abord broyée finement, puis attaquée par une solution de chlorure ferrique en présence de chlore dans un ensemble de réacteurs.

Le nickel, le cobalt et le fer sont transformés en chlorures et passent en solution tandis que le soufre qui est à l'état élémentaire est éliminé lors de cette opération.

La solution de chlorures de nickel, cobalt et fer est séparée du soufre et des résidus insolubles grâce à un filtre et subit alors des étapes successives d'extraction et de purification.

3.2   Lixiviation des composés des téléphones portables recyclés.[35]

L'utilisation abondante du cobalt dans la nouvelle technologie des téléphones et ordinateurs portables a entraîné le développement important du recyclage consécutif à des permanentes innovations et mise sur le marché d'appareils plus performants. L'usage du cobalt est décrit dans le chapitre IX de cet ouvrage mais nous allons décrire ici le cas des téléphones avec batteries Li-ion à base de cobalt comme $LiCoO_2$ bien que la quasi-totalité des batteries Li-ion contiennent du cobalt comme élément essentiel ou comme élément améliorant leur fonctionnement.

Les différentes conditions de lixiviations décrient par S. Sakultung et al.[35] tiennent compte du type d'acide, de la concentration de l'acide, de la température en jeu, du rapport liquide-solide, du temps de lixiviation et du model cinétique de la lixiviation.

3.3 *Type d'acide*

Pour des composants de téléphones portables à teneurs équivalentes à Co 30,5%, Ni 31,3%, Cu 5,3%, La 4,7%, Al 2,1% et 26,1% d'autres composants, il s'avère que par ordre de réactivité, HCl donne un meilleur rendement de lixiviation que H_2SO_4 et HNO_3 telles que nous le montrent la Figure 7 pour le nickel et le cobalt. Cela est dû à la constante de dissociation K_a de HCl (10^6) qui est plus grande que celles de H_2SO_4 ($K_a = 10^3$) et HNO_3 ($K_a = 28$). Les réactivités de H_2SO_4 et HNO_3 vis-à-vis du nickel sont quasiment semblables mais pour le cobalt, H_2SO_4 donne de meilleurs résultats :

$$NiOOH_{(s)} + 2H^+_{(aq)} \quad \rightarrow \quad Ni^{2+}_{(aq)} + \frac{3}{2}H_2 + O_2 \qquad (1)$$

$$Ni(OH)_{2(s)} + 4H^+_{(aq)} \quad \rightarrow \quad Ni^{2+}_{(aq)} + H_2 + 2H_2O \qquad (2)$$

$$LiCoO_{2(s)} + 3H^+_{(aq)} \quad \rightarrow \quad Co^{2+}_{(aq)} + Li^+ + \frac{3}{2}H_2 + O_2 \quad (3)$$

$$CoO_{2(s)} + 2H^+_{(aq)} \quad \rightarrow \quad Co^{2+}_{(aq)} + H_2 + O_2 \qquad (4)$$

Tableau 5 – Conditions opératoires des tests de lixiviation.[35]

Condition	Temperature °K	Acid Concentration (M)	Solid-Liquid Ratio (g/l)	Time (min)
[1]	313	1	10	120
[2]	353	1	10	120
[3]	313	5	10	120
[4]	353	5	10	120
[5]	313	1	40	120
[6]	353	1	40	120
[7]	313	5	40	120
[8]	353	5	40	120

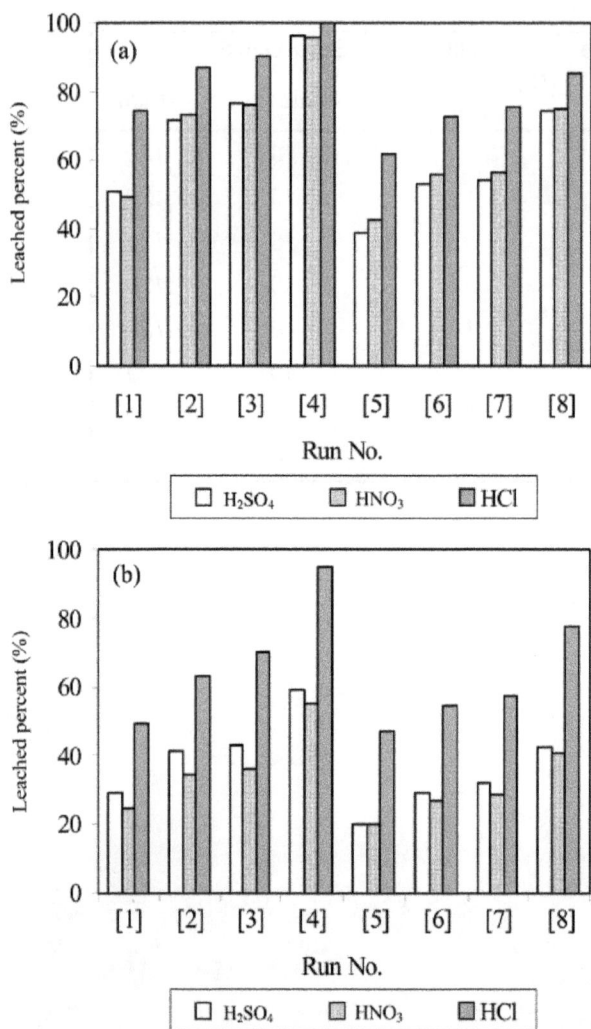

Figure 7 – Rendement de lixiviation du Ni (a) et du Co (b) par H_2SO_4, HNO_3 et HCl à différentes conditions.

3.4   *Concentration de l'acide*

Il a été observé dans les tests de S. Sakultung et al.[35] que l'accroissement de la concentration en HCl d'une solution 1 M à 6 M favorisait la mise en solution du nickel et du cobalt. Un accroissement d'acide au de-là de 5 M n'apportait pas une augmentation significative au processus de lixiviation en particulier pour le cobalt qui connaît une limitation liée à un équilibre. L'optimum est donc obtenu pour une solution d'attaque à 5 M en HCl.

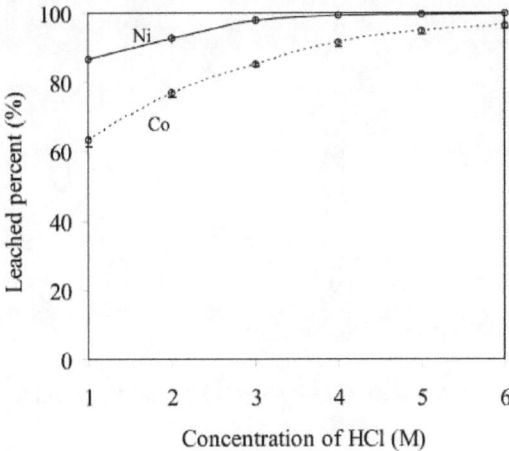

Figure 8 – Rendement de lixiviation du Ni et du Co en fonction de la concentration en HCl.

3.5   *Température de lixiviation*

Pour des conditions opératoires reprenant une concentration optimale en HCl de 5 M telle que décrites précédemment, un rapport solide-liquide de 10 g/l et un temps de lixiviation de 120 minutes, des investigations entre une gamme de température allant de 300 à 363°K, la Figure 9 montre que l'on obtient un optimum de réactivité autour de 353°K. Avec l'accroissement de la température, on fait face à l'accroissement de l'énergie cinétique des molécules d'acide autour des composés métalliques prouvant l'endothermicité du processus mais on atteint toutefois des limitations. La cinétique de lixiviation montre une plus grande sensibilité à l'accroissement de température pour le cobalt.

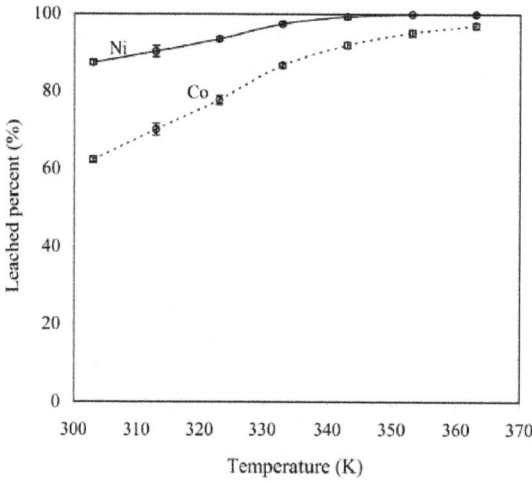

Figure 9 – Rendement de lixiviation du Ni et du Co en fonction de la température.

3.6   *Rapport liquide-solide*

L'augmentation de la proportion de solides dans le milieu réactionnel diminue le rendement de lixiviation pour le nickel et le cobalt pour les conditions optimales relevées précédemment à savoir HCl 5M, température de 353°K pendant deux heures.

Le rapport solides/liquide idéal observé est de 15 g/l pour des rendements de lixiviation de 99,3% et 92,2% respectivement pour le nickel et le cobalt.

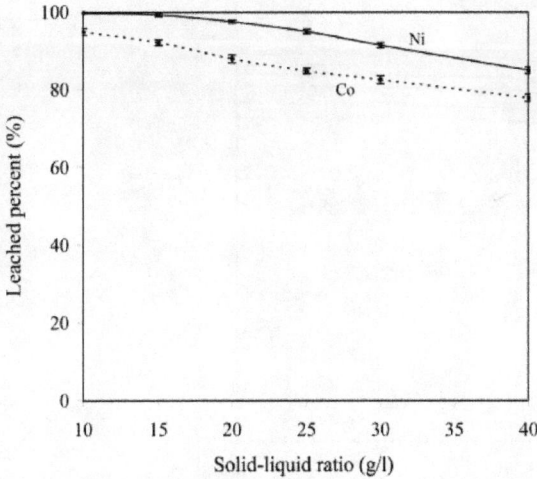

Figure 10 – Rendement de lixiviation du Ni et du Co en fonction de la proportion solides/liquide.

3.7 *Temps de lixiviation*

Les graphiques présentés (Figure 11) montrent un accroissement drastique du rendement de lixiviation durant les 15 premières minutes que ce soit pour le nickel que pour le cobalt. Un accroissement moindre s'en suit jusqu'à une stabilisation au-delà de 60 minutes considérées comme un optimum réactionnel.

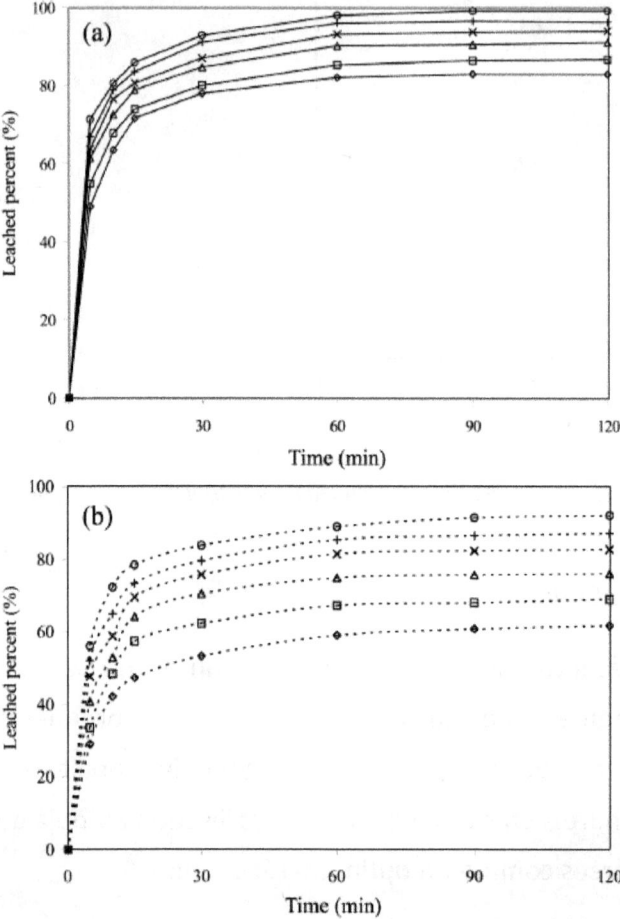

Figure 11 – Rendement de lixiviation du Ni (a) et du Co (b) en fonction du temps.

3.8 *Modèle cinétique*

Les cinétiques de dissolution des métaux nickel et cobalt peuvent être décrites par des équations du second ordre en utilisant les conditions limites à t=0 à t=t et de concentration $C_l = 0$ à $C_l = C_l$.

$$\frac{dC_l}{dt} = k(C_s - C_l)^2$$

$$\frac{t}{C_l} = \frac{1}{kC_s^2} + \frac{t}{C_s}$$

$$C_l = \frac{t}{\frac{1}{kC_l^2} + \frac{t}{C_s}}$$

Tous les tests ont montré une saturation de concentration linéarisée par les fonctions de la température suivantes avec une corrélation respectivement de 0,9930 et 0,9991 :

$$C_{s,Ni} = -1{,}23X10^{-6}T^2 + 1{,}06X10^{-3}T - 0{,}137$$

$$C_{s,Co} = -6{,}56X10^{-6}T^2 + 4{,}76X10^{-3}T - 0{,}789$$

La saturation de la concentration montre que la réaction de lixiviation est contrôlée par la diffusion.

Les énergies d'activation des lixiviations de Ni et Co étant relativement faibles, elles entraînent une quasi-spontannéité des réactions avec une prépondérence pour la mise en solution du nickel dont l'énergie d'activation est plus faible. La loi d'Arrhénius décrit la relation de la cinétique avec la température réactionnelle.[35]

$$k_{Ni} = 12,493 . \exp(-\frac{2,823}{RT})$$

$$k_{Co} = 12,375 . \exp(-\frac{3,348}{RT})$$

Des descriptifs de circuits de recyclages sont visibles au chapitre VIII de cet ouvrage.

4. <u>Purifications par précipitations sélectives</u>

Les saignées conventionnelles des solutions issues de l'extraction du cuivre notamment ont comme inconvénients :

- — La perte de l'acide contenu ;
- — Des déséquilibres volumiques ;
- — Les recirculations ou emportements importants de métaux valorisables ;
- — La consommation d'agents neutralisants.

La saignée des solutions cobaltifères subit plusieurs étapes de purifications pouvant se faire par précipitation d'hydroxydes, de sulfures, de carbonates, de xanthates, de métaux combinés, par oxydations diverses, extraction par solvants ou par échange d'ions.

Tous les processus de purifications opèrent selon le même principe physico-chimique au cours duquel les métaux et autres matières inorganiques sont transformés en espèces relativement insolubles suite à l'altération de l'équilibre ionique initial par l'ajout d'agents activateurs de précipitation.

4.1   *Précipitation d'hydroxydes*

Lors de la précipitation d'hydroxydes, les métaux en solutions sont transformés en composés insolubles ou relativement peu solubles par l'ajout d'agents de précipitation basiques.

Les activants de précipitation en hydroxydes les plus utilisés à l'échelle industrielle sont :

— Le lait de chaux $Ca(OH)_2$.

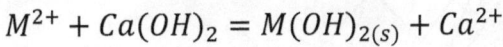

$$M^{2+} + Ca(OH)_2 = M(OH)_{2(s)} + Ca^{2+}$$

— La soude caustique *NaOH*.

$$M^{2+} + 2NaOH = M(OH)_{2(s)} + 2Na^{2+}$$

— L'hydroxyde de magnésium $Mg(OH)_2$.

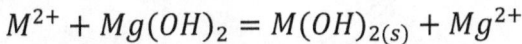

$$M^{2+} + Mg(OH)_2 = M(OH)_{2(s)} + Mg^{2+}$$

avec *M* comme étant le métal à précipiter.

L'utilisation de l'ammoniaque NH_4OH comme agent précipitant n'est pas développée suite à la formation d'amines métalliques solubles entre pH 8 et 10,5, sa manipulation peu aisée, la séparation par filtration difficile des précipités éventuels et les risques toxiques liés à son utilisation.

La solubilité des précipités dépend de la nature du métal, de l'agent précipitant et des conditions opératoires telles que le pH. La solubilité des hydroxydes métalliques décroît en fonction de l'augmentation du pH pour atteindre un minimum appelé point isoélectrique au-delà du quel il apparaît une solubilité accrue attribuée au caractère amphotérique du précipité (Figure 12).[43]. Il est ainsi montré clairement que le contrôle du pH est un élément clé dans le processus de précipitation des hydroxydes.

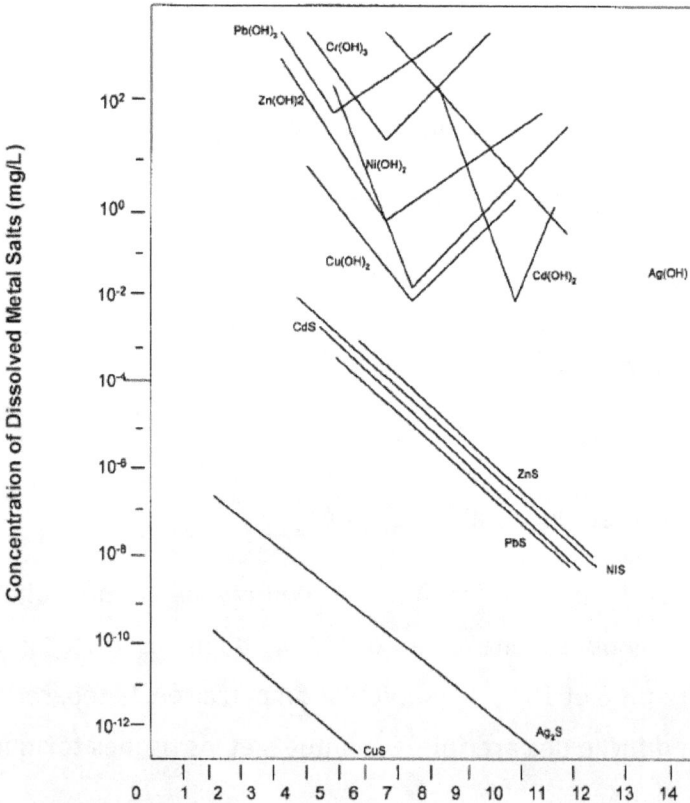

Figure 12 – Solubilité des hydroxydes et sulfures métalliques en fonction du pH.

La purification des solutions utilisant le principe de la précipitation des hydroxydes présente des avantages tels que :

- C'est un processus maîtrisé, simple, abondamment répandu et relativement peu coûteux.
- Le contrôle est régulier et peut être suivi par des instruments (pH-mètres).
- Ce procédé ne se limite pas à la précipitation des métaux mais sert également à l'élimination des composés organiques et composés fluorés.

Les désavantages rencontrés sont :

- La nécessité d'oxyder ou de réduire certains métaux avant leur précipitation effective pour raison de rendement, d'efficacité, de pratique ou de coût. C'est le cas de Cr^{6+} en Cr^{3+}, Co^{3+} en Co^{2+}, Se^{6+} en Se^{4+}, As^{3+} en As^{5+}, Fe^{3+} en Fe^{2+}. Certains agents chélatants, des complexes organiques métalliques, des complexes cyanurés métalliques peuvent interférer et inhiber le processus de précipitation des hydroxydes.
- La sépartation solide/liquide après l'opération de précipitation peut être particulièrement difficile à cause du caractère amorphe, solide ou massif de certains précipités ou leur moindre lavabilité.
- La précipitation des hydroxydes est effectuée à l'aide de :
- Chaux CaO, dolomie $CaO. MgO$ ou chaux éteinte dite lait de chaux $Ca(OH)_2$ ou parfois $Ca(OH)_2. MgO$. La précipitation à la chaux se fait généralement dans des conditions atmosphériques à températures ambiantes dans des réacteurs agités.

– Soude caustique NaOH. La soude caustique est généralement utilisée sous-forme de solution à 50%. Elle est plus aisée à véhiculer que le lait de chaux minimisant ainsi les bouchages et les encrassements. Son stockage nécessitera des températures supérieures à 12°C afin d'éviter une solidification. Réagissant plus rapidement que la chaux et plus facilement soluble, elle nécessite par conséquent des réacteurs de préparation et de précipitation plus petits. Etant un monohydroxyde comparativement à la chaux qui est un di-hydroxyde, le besoin en soude caustique est le double pour précipiter les métaux bivalents et cela a un impact sur le prix qui est déjà élevé par rapport à celui de la chaux. La soude caustique sera préférée à la chaux pour de petits flux, pour la recherche de réactions rapides et lorsque le coût de stockage des précipités sera élevé.

– Oxyde de magnésium MgO : il agit sous forme de pulpe d'hydroxyde de magnésium $Mg(OH)_2$. Les avantages de l'hydroxyde de magnésium sont son coût, sa manipulation aisée, la formation de précipités à masse volumique élevée, donc à meilleur décantabilité et filtrabilité permettant une meilleure gestion des résidus. Le plus grand désavantage est son prix qui est supérieur à celui de la chaux. La précipitation à l'hydroxyde de magnésium est moins aisée à gérer que celle par la chaux ou la soude.

Tableau 6 – Comparaison des propriétés des agents précipitants.[43]

Propriété	NaOH	$Ca(OH)_2$	$Mg(OH)_2$
Masse moléculaire	40		
Proportion en hydroxide (%)	42.5		
Chaleur de dissolution (kcal/mole)	9.94		
Solubilité (g/100 ml H_2O)	42.0^a	0.185^a	0.0009^b
pH de réactivité maximum	14	12.5	9
Masse équivalente	1.47	1.27	1
Point de congélation	16	0.0^c	0.0^d
Teneur en solides du précipité (%)	30	35	55
Densité du précipité kg/m³	1 300	1 400	1 600-1 750
Durée de Filtration (hr)	7-8	7-9	1.5-2.0

aTempérature, $0°C$.

bTempérature, $18°C$.

c30% pulpe.

d58% pulpe.

Tableau 7 – Comparaison des agents neutralisants communs.[26]

Agent	Chaux CaO Ca(OH)$_2$	Carbonate de sodium Na$_2$CO$_3$	Soude caustique NaOH	Hydoxide de magnésium Mg(OH)$_2$
Présentation	Solide - CaO / Poudre - Ca(OH)$_2$ / Pulpe à 35% - Ca(OH)$_2$	Poudre - Na$_2$CO$_3$ / Solution 15% - Na$_2$CO$_3$	Solution 50% - NaOH	Pulpe 58% - Mg(OH)$_2$
Apport basique en kg par tonne de H$_2$SO$_4$ / par tonne de HCl	Comme CaO / 562.45 / 757.5	979.76 / 1 315.42	739.36 / 993.37	539.37 / 725.75
Coût par tonne d'agent neutralisant	CaO - 60$ / Ca(OH)$_2$ - 80$ / Pulpe Ca(OH)$_2$ - 100$ / Coût stable	Na$_2$CO$_3$ - 80$ / Coût stable	NaOH - 280$ / Coût variable	Mg(OH)$_2$ - 300$ / Coût variable
Coût pour neutraliser 1 tonne de H$_2$SO$_4$	CaO - 37$ / Ca(OH)$_2$ - 66$ / Pulpe Ca(OH)$_2$ - 82$	Na$_2$CO$_3$ - 86$	NaOH - 228$ / Coût variable	Mg(OH)$_2$ - 179$
pH max à 25°C	12.45	>11	14	10.6
Présentation du précipité	Dense, faible volume, manipulation aisée même en présence de métaux lourds	Grand volume, gélifiant en présence de métaux lourds	Grand volume, gélifiant en présence de métaux lourds	Dense, faible volume
Sels présents	Gypse insoluble	Sels de sodium solubles	Sels de sodium solubles	Sels de magnésium solubles
Quantité de solides Dissous	Faible	Grande	Grande	Grande
Temps de Réaction	Modéré jusqu'à la neutralisation complète	Modéré jusqu'à la neutralisation complète	Rapide jusqu'à la Neutralisation complète	Lente jusqu'à 95 % de la neutralisation complète

4.2 *Précipitation de sulfures*

La précipitation des sulfures consiste en la formation d'un composé sulfuré relativement insoluble suite à la présence d'agents susceptibles d'activer cette précipitation tels que :

- Le sulfure de sodium Na_2S.
- Le monohydro-sulfure de sodium $NaHS$.
- L'acide sulfhydrique H_2S.
- Le sulfure ferreux FeS.
- Le sulfure de calcium CaS.
- Le sulfure de zinc ZnS.

Sur une large gamme de pH, les anions S^{2-} et HS^{2-} sont extrêment réactifs vis-à-vis des ions de métaux lourds (masse volumique supérieure à 4,5 g/cm^3). Au cours du processus de précipitation, l'excès d'agent sulfurant est inhibé par oxydation par barbottage d'air ou de peroxyde d'hydrogène H_2O_2.

Les agents précipitants sont classés en deux groupes selon leur mode d'introduction dans le processus de précipitation liés à leur solubilité en milieu aqueux :

- Les agents solubles : $NaHS, Na_2S$.
- Les agents insolubles : FeS, CaS.

La Figure 12 montre que la sulfuration dépend du pH et que la solubilité des sulfures en milieux aqueux est généralement plus faible que celle des hydroxydes.

Les avantages de la sulfuration :

En plus de la plus faible solubilité des sulfures par rapport aux hydroxydes qui constitue un premier avantage sur ces derniers, la précipitation des sulfures n'est pas inhibée totalement par la présence des chélates permettant ainsi la poursuite du processus de précipitation.

Cette faible solubilité permet d'atteindre des concentrations en cobalt en solution plus basses à pH relativement faibles.

La sulfuration s'applique sur une grande gamme de pH (de 2 à 12).

Les précipités n'ont pas les mêmes caractères amphotères que les hydroxydes correspondants et par conséquent sont moins susceptibles de dissolution lors des variations de pH.

Le chrome hexavalent ne nécessite pas de réduction comme c'est le cas pour la précipitation des hydroxydes.

Les désavantages de la sulfuration :

Le fer et le chrome à l'état trivalent ne sont pas précipités mais ce dernier ne peut l'être qu'à des pH élevés.

Les agents précipitants insolubles en milieux aqueux ne précipitent pas le manganèse par le fait que le sulfure de manganèse a une solubilité supérieure à celle de FeS.

Les composés cyanurés ne sont pas traités d'une manière efficace.

La sulfuration incorrectement contrôlée peut produire des dégagements gazeux toxiques de H_2S.

Les précipités sulfurés sont plus toxiques que ceux des précipités issus des hydroxydes.

Le procédé est plus complexe.

Le capital installé et le coût opératoire sont plus élevés que pour la production d'hydroxydes.

4.3   *Précipitation de carbonates*

La précipitation des métaux des effluents liquides peut s'effectuer à l'aide de carbonates tels que Na_2CO_3, $NaHCO_3$, $(NH_4)_2CO_3$ ou le carbonate de calcium $CaCO_3$.

La solubilité des carbonates dépend des caractéristiques du métal précipité et du pH du milieu réactionnel. Elle se situe généralement entre celles des hydroxydes et des sulfures.

4.4 Comparaison des solubilités théoriques des hydroxydes, sulfures et carbonates

Tableau 8 – Solubilités théoriques des hydroxydes, sulfures et carbonates.

Métal		Hydroxides	Sulfures	Carbonates
Cadmium	Cd^{2+}	$2.3X10^{-5}$	$6.7X10^{-10}$	$1.1X10^{-4}$
Chrome	Cr^{3+}	$8.4X10^{-4}$		-
Cobalt	Co^{2+}	$2.2X10^{-1}$	$1.0X10^{-8}$	-
Cuivre	Cu^{2+}	$2.2X10^{-2}$	$5.8X10^{-18}$	-
Fer	Fe^{2+}	$8.9X10^{-1}$	$3.4X10^{-5}$	-
Plomb	Pb^{2+}	2.1	$3.8X10^{-9}$	$7.0X10^{-3}$
Manganèse	Mn^{2+}	1.2	$2.1X10^{-3}$	-
Mercure	Hg^{2+}	$3.9X10^{-4}$	$9.0X10^{-20}$	$3.9X10^{-2}$
Nickel	Ni^{2+}	$6.9X10^{-3}$	$6.9X10^{-8}$	$1.9X10^{-1}$
Argent	Ag^{+}	13.3	$7.4X10^{-12}$	$2.1X10^{-1}$
Etain	Sn^{2+}	$1.1X10^{-4}$	$3.8X10^{-8}$	-
Zinc	Zn^{2+}	1.1	$2.3X10^{-7}$	$7.0X10^{-4}$

En mg/l dans l'eau pure à 25°C.

4.5   *Purification proprement dites*

–   L'élimination du fer et de l'aluminium :

Le premier effet de cette étape est la neutralisation de la solution.

La nécessité de l'élimination ou de la réduction du fer est multiple à savoir :

- assurer l'obtention d'un produit final de bonne qualité chimique,
- augmenter la récupération du métal valorisable,
- maximiser le rendement de courant lors l'électro-extraction pour minimiser les coûts de production ou augmenter le niveau de production,
- réduire des pertes de substances minérales ou de réactifs lors des opérations métallurgiques,
- diminuer les quantités rejetées par des techniques conventionnelles d'élimination du fer.

Parmi les procédés de précipitations abondamment utilisés en hydrométallurgie, la précipitation aqueuse du fer est courante sous forme de jarosite, gœthite ou hématite. La jarosite est actuellement le nom donné au composé $KF_3(SO_4)_2(OH)_6$. Ce nom est également utilisé comme générique pour les minerais à base d'alunite de formule générale $AB_3(SO_4)_2(OH)_6$, où A représente $K^+, H^+, Na^+, Ag^+, Tl^+, Rb^+, NH_4^+, H_3O^+, (½)Pb^{2+}, (½)Hg^{2+}$ et B représente $Al^{3+}, Fe^{3+}, V^{3+} ou Cr^{3+}$. La substitution du cation potassium dans la jarosite par $NH_4^+, Na^+ ou H^+$, est la caractéristique des jarosites d'ammonium, de sodium ou d'hydronium.

La précipitation de la jarosite a été développée entre 1964-1965 pour l'élimination du fer dans les procédés hydrométallurgiques de purification. Des développements de ce procédé en milieux sulfatés ont été effectués à partir de solutions contenant des métaux tels que $Al^{3+}, Ni^{2+}, Co^{2+}, Mn^{2+}, Cd^{2+}$ et plus souvent Zn^{2+}. La précipitation de la jarosite pour le fer à partir des solutions acides, pH<1.5, est effectuée à une température de 90 à 100ºC en présence de cations mentionnés précédemment. La réaction de précipitation montre qu'il y a production d'acide devant être neutralisé afin de permettre la poursuite de la réaction.

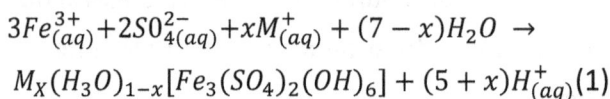

$$3Fe^{3+}_{(aq)} + 2SO^{2-}_{4(aq)} + xM^{+}_{(aq)} + (7-x)H_2O \rightarrow$$
$$M_X(H_3O)_{1-x}[Fe_3(SO_4)_2(OH)_6] + (5+x)H^{+}_{(aq)} (1)$$

La formation de la jarosite dépend de la température, du pH, de la concentration en base, de la germination et de la présence en impuretés. Le taux de formation de la jarosite augmente avec la température et à 100ºC, la précipitation peut s'achever endéans quelques heures. La précipitation de la jarosite est un phénomène de nucléation et croissance dépendant essentiellement de la germination qui détermine à son tour le taux de formation.

Il faut toutefois noter qu'il faut absolument éviter la précipitation par ce procédé de métaux valorisables tels que décrit dans l'exemple suivant :

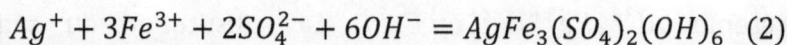

$$Ag^{+} + 3Fe^{3+} + 2SO^{2-}_4 + 6OH^{-} = AgFe_3(SO_4)_2(OH)_6 \quad (2)$$

La précipitation de métaux riches est assez commune mais la prédominance de la présence des métaux *Fe, Zn, Co, Ni* dans la jarosite répond à l'ordre $Fe^{3+} > Cu^{2+} > Zn^{2+} > Co^{2+} > Ni^{2+}$.

La lixiviation atmosphérisque séparée (Split Atmospheric Leaching) appliquée par Mont Thirsty Process tel que décrite par Krebs et al.[20] permet la diminution de la proportion du fer lorsque l'on est en présence de minerai particulièrement riche en fer. Ce procédé consiste à utiliser des sources minérales de teneurs en fer différentes séparément. Le minerai à haute teneur en fer est lixivié pendant un temps de séjour court permettant la mise en solution du cobalt accompagné de manganèse et de nickel avec toutefois une grande mise en solution de fer.

Les réactions caractéristiques sont :

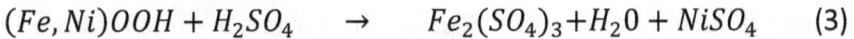

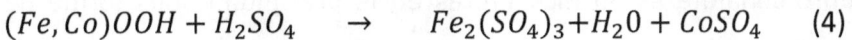

$$(Fe, Ni)OOH + H_2SO_4 \quad \rightarrow \quad Fe_2(SO_4)_3 + H_2O + NiSO_4 \qquad (3)$$

$$(Fe, Co)OOH + H_2SO_4 \quad \rightarrow \quad Fe_2(SO_4)_3 + H_2O + CoSO_4 \qquad (4)$$

$$MnO(OH)_2 + SO_2 \quad \rightarrow \quad MnSO_4 + H_2O \qquad (5)$$

$$6Fe(OH)_3 + 3SO_2 + 3H_2SO_4 \quad \rightarrow \quad 6FeSO_4 + 12H_2O \qquad (6)$$

L'acide résiduaire de cette lixiviation dite primaire est neutralisé par l'ajout de minerai à plus faible teneur qui en plus permet l'oxydation du fer en solution de l'étage +2 à l'étage +3. De cette façon, cette solution hautement concentrée en fer est plus facilement purifiée en produisant une jarosite de sodium suite à l'ajout d'une solution saline de sodium tel que décrit dans les réactions suivantes :

$$H_2SO_4 + (Mg, Ni)_2Si_2O_5(OH)_4 \quad \rightarrow \quad MgSO_4 + NiSO_4 + SiO_2 \quad (7)$$

$$H_2SO_4 + (Mg, Co)_2Si_2O_5(OH)_4 \rightarrow MgSO_4 + CoSO_4 + SiO_2 \quad (8)$$

$$6Fe(OH)_3 + 2NaCl + 4H_2SO_4 \rightarrow 2NaFe_3(SO_4)_2(OH)_6 + 2HCl + 6H_2O \quad (9)$$

$$3Fe_2(SO_4)_3 + 12H_2O + 2NaCl \rightarrow 2NaFe_3(SO_4)_2(OH)_6 + 2HCl + 5H_2SO_4 \quad (10)$$

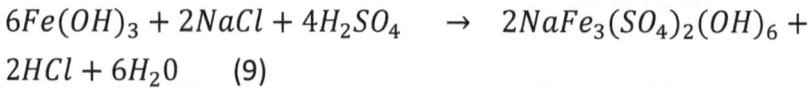

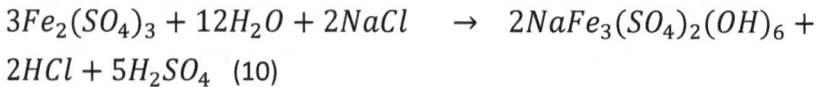

Il est parfois préconisé l'utilisation de H_2O_2 pour récupérer le cobalt au début des opérations mais il s'avère que les rendements de précipitation de Co^{3+} soient assez faibles compte tenu du caractère tantôt oxydant et réducteur. Cela se remarque notamment dans la réaction suivante ou le peroxyde d'hydrogène est réducteur :

$$2\, CoOOH + H_2O_2 + 4H^+ = 2Co^{2+} + O_2 + 4H_2O \quad (11)$$

L'acide de Caro peut être utilisé pour séparer le cobalt des solutions cupro-cobaltifères ou nickélifères en le précipitant sous forme de cobalt (III).

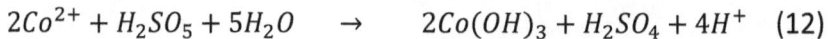

$$2Co^{2+} + H_2SO_5 + 5H_2O \rightarrow 2Co(OH)_3 + H_2SO_4 + 4H^+ \quad (12)$$

Dans d'autres cas, l'agent neutralisant est la chaux éteinte $Ca(OH)_2$ ou la chaux vive CaO que l'on peut substituer par du calcaire $CaCO_3$ ou de la soude caustique $NaOH$.

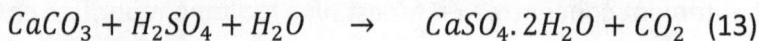

$$CaCO_3 + H_2SO_4 + H_2O \rightarrow CaSO_4.2H_2O + CO_2 \quad (13)$$

L'élimination du fer est la première étape du processus de production du cobalt. Elle est effective entre pH 2,5 et 3,5.

Le fer est précipité des solutions en deux étapes par élévation du pH et injection d'air/O_2. Le calcaire pour cette étape répond favorablement au point de vue de la cinétique de réaction et du coût du matériau qui ne représente que 30 à 40% de celui de la chaux mais l'inconvénient est la taille des réacteurs de neutralisation qui sont plus grands que lors de l'usage de la chaux.

L'oxygène est un élément majeur dans l'élimination du fer. Il permet la précipitation du fer dans le procédé hématite (température > 185°C et P_{O2} > 5 bars) d'où l'importance de l'injection d'air (O_2) dans le processus de lixiviation.

$$2FeSO_4 + \tfrac{1}{2}O_2 + 2H_2O \quad \rightarrow \quad Fe_2O_3 + 2H_2SO_4 \qquad (14)$$

L'oxydation du fer

$$2FeSO_4 + H_2SO_4 + \tfrac{1}{2}O_2 \quad \rightarrow \quad Fe_2(SO_4)_3 + H_2O \qquad (15)$$

La précipitation de l'hydroxyde de fer

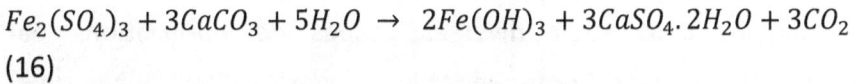

$$Fe_2(SO_4)_3 + 3CaCO_3 + 5H_2O \rightarrow 2Fe(OH)_3 + 3CaSO_4.2H_2O + 3CO_2 \qquad (16)$$

La précipitation de la gœthite

$$4FeSO_4 + 6H_2O + O_2 \quad \rightarrow \quad 4FeO.OH + 4H_2SO_4 \qquad (17)$$

La précipitation de la gœthite est favorisée.

La précipitation de l'hydroxyde d'aluminium

$$Al_2(SO_4)_3 + 6H_2O \quad \rightarrow \quad 2Al(OH)_3 + 3H_2SO_4 \qquad (18)$$

Le précipité de fer décante et est filtré avec les précipités issus de l'étape suivante où les réactions décrites ci-dessous ont lieu :

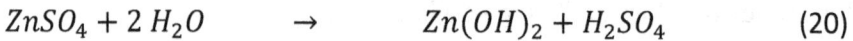

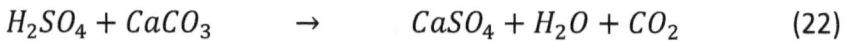

$$NiSO_4 + 2\,H_2O \qquad \rightarrow \qquad Ni(OH)_2 + H_2SO_4 \qquad (19)$$

$$ZnSO_4 + 2\,H_2O \qquad \rightarrow \qquad Zn(OH)_2 + H_2SO_4 \qquad (20)$$

$$CoSO_4 + 2\,H_2O \qquad \rightarrow \qquad Co(OH)_2 + H_2SO_4 \qquad (21)$$

$$H_2SO_4 + CaCO_3 \qquad \rightarrow \qquad CaSO_4 + H_2O + CO_2 \qquad (22)$$

$$2HCl + CaCO_3 \qquad \rightarrow \qquad CaCl_2 + H_2O + CO_2 \qquad (23)$$

$$CaCl_2 + Na_2SO_4 \qquad \rightarrow \qquad 2NaCl + CaSO_4 \qquad (24)$$

$$CaSO_4 + 2H_2O \qquad \rightarrow \qquad CaSO_4.2H_2O \qquad (25)$$

L'élévation de pH nécessaire à la précipitation de $Al(OH)_3$ (18) provoque la co-précipitation d'espèces métalliques présentes telles que *Cu, Ni, Zn et Co.* La surverse du décanteur après précipitation de l'aluminium peut subir diverses étapes de purifications par sulfuration en utilisant notamment le sulfhydrate d'hydrogène NaHS comme agent précipitant en particulier si les composants précipités sont destinés à une lixiviation sous-pression ou un grillage. Cette surverse peut subir d'autres processus de précipitations chimiques tels que la précipitation par ajout de chaux ou d'autres précipitations par des agents chlorés tels que $NaClO_3$.

Lors d'un processus mal contrôlé, le fer à température ambiante précipite sous forme d'oxy-hydroxydes $Fe(OH)_3$ formant des précipités gélatineux et volumineux avec des effets négatifs pour les processus de séparation solides-liquides ainsi qu'une entrave de diffusion d'autres éléments lors des opérations ultérieures. C'est pour cette raison que les flux sont chauffés entre 70 et 90°C afin de donner des précipités cristallins pour des raisons de filtrabilité et de meilleure lavabilité, la formation de la gœthite est ainsi encouragée.

Toutefois, l'avantage des précipités à basses températures est l'emprisonnement dans leur matrice gélatineuse d'impuretés telles que l'arsenic, l'antimoine, le sélénium et les oxydes de tellures. Cela est en fait une forme de purification.

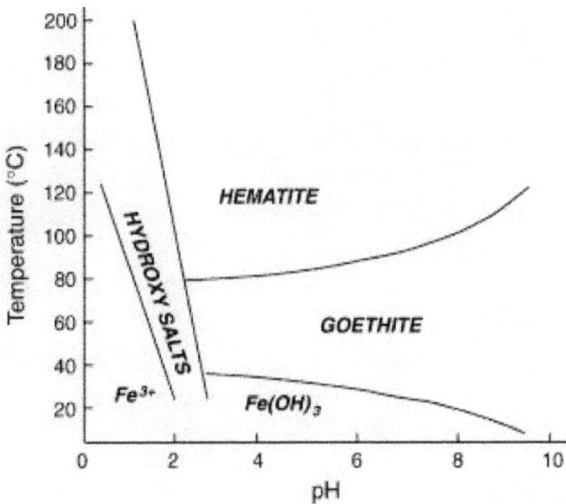

Figure 13 – Diagramme de phases de precipitation de diverses formes de précipités à partir d'une solution à 0.5 M de solutions de sulfate ferrique.

Elimination du fer par le mélange Air/SO_2

Le fer et le manganèse (ainsi que l'aluminium en présence de phosphate) sont éliminés à chaud (50°C) de la solution cobaltifère à

89

l'aide d'un mélange contrôlé Air/ SO_2 oxydant et précipitant *Fe* et *Mn/Al* en une seule étape pendant un temps de séjour de près de 5 heures assurant jusqu'à plus 90% de l'élimination de manganèse dans un milieu réactionnel maintenu à 600 mV par ajustement de SO_2. Le pH est maintenu à entre 2,5 et 3, l'élimination de Al est plus efficiente à pH 3,5 mais cela implique des entraînements de cobalt plus grands.

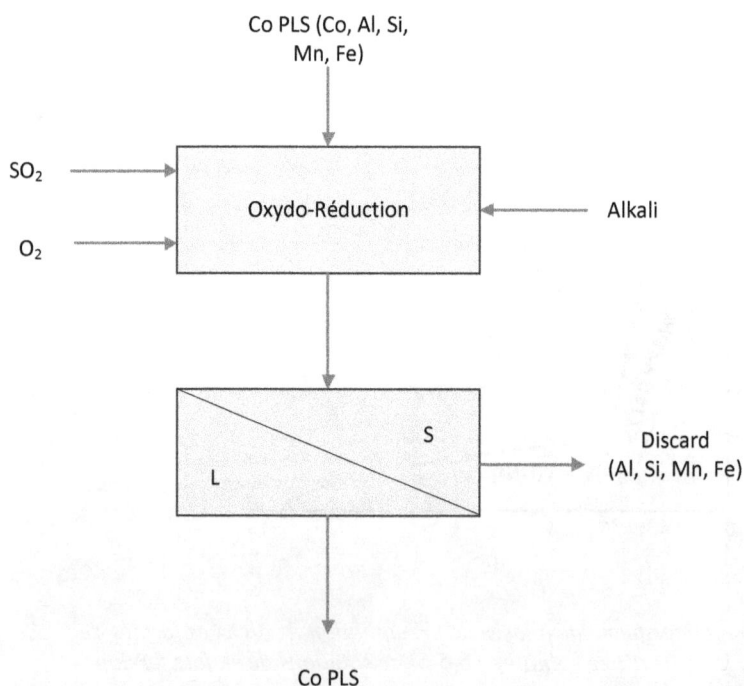

Figure 14 – Procédé d'oxy-précipitation de Fe et Mn lors de l'élimination de Al et Si par un mélange SO₂/O₂.

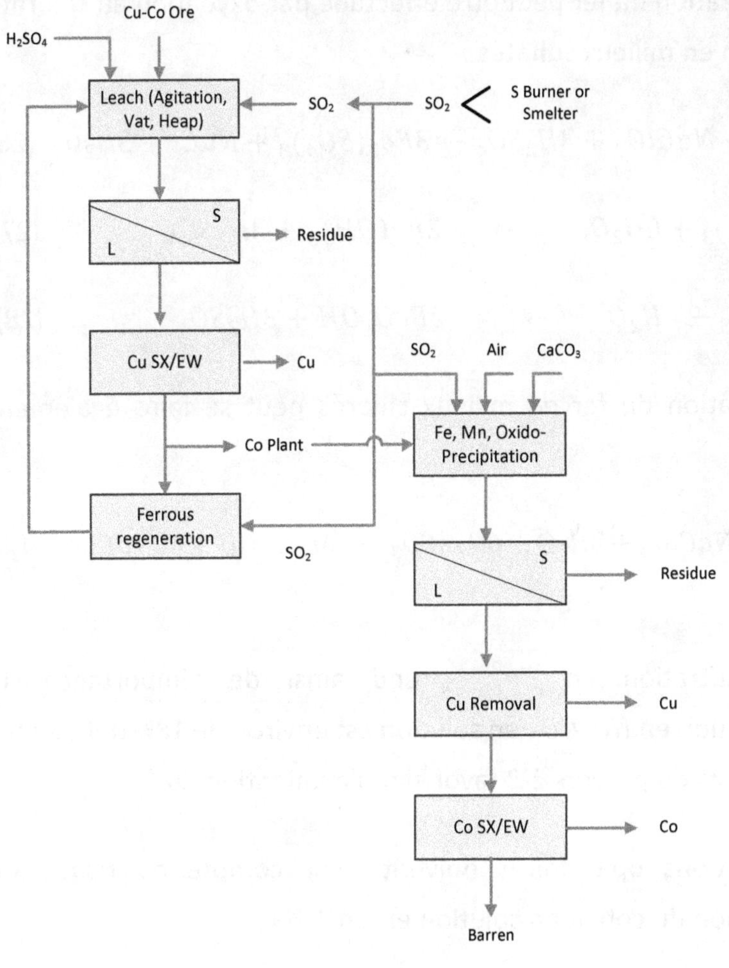

Figure 15 – Flow-sheet d'utilisation de SO2 pour un minerai Cu-Co (cobaltique).

Oxydation par $NaClO_3$

La précipitation du fer peut être effectuée par oxydation au chlorate de sodium en milieux sulfatés :

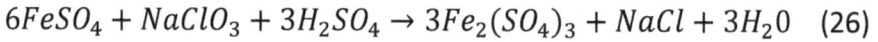

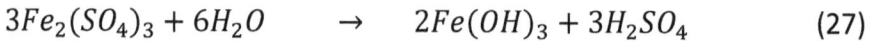

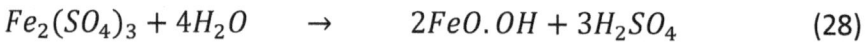

$$6FeSO_4 + NaClO_3 + 3H_2SO_4 \rightarrow 3Fe_2(SO_4)_3 + NaCl + 3H_2O \quad (26)$$

$$3Fe_2(SO_4)_3 + 6H_2O \quad \rightarrow \quad 2Fe(OH)_3 + 3H_2SO_4 \quad\quad (27)$$

$$Fe_2(SO_4)_3 + 4H_2O \quad \rightarrow \quad 2FeO.OH + 3H_2SO_4 \quad\quad (28)$$

La purification du fer en milieux chlorés peut se faire également selon :

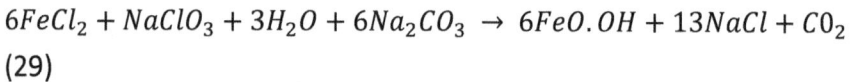

$$6FeCl_2 + NaClO_3 + 3H_2O + 6Na_2CO_3 \rightarrow 6FeO.OH + 13NaCl + CO_2$$
(29)

La concentration en Fe^{2+} prend ainsi de l'importance, la concentration en Na_2CO_3 en solution est environ de 18% qui permet l'ajustement du pH vers 2-3 favorisant l'élimination du fer.

Les conditions opératoires doivent tenir compte du risque de précipitation du cobalt en solution en $Co(OH)_3$.

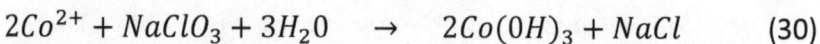

$$2Co^{2+} + NaClO_3 + 3H_2O \quad \rightarrow \quad 2Co(OH)_3 + NaCl \quad\quad (30)$$

−   L'élimination du cuivre :

L'élimination du cuivre peut se faire de plusieurs façons.

La précipitation sous forme d'hydroxyde par élévation de pH doit se faire d'une manière étagée afin d'éviter une coprécipitation importante de cobalt. Elle se déroule entre pH 4,80 et 6,20 avec ajout de lait de chaux. Le premier précipité peut être renvoyé au circuit cuivre où il peut servir dans un processus de déferrage ou est renvoyé partiellement à l'étape d'élimination du fer du même circuit cobalt où le cobalt co-précipité va être remis en solution. Le second précipité est normalement renvoyé au processus de déferrage comme apport basique. Une certaine proportion de zinc et de nickel coprécipite déjà au second décuivrage en fonction des paramètres appliqués.

Réactions mises en jeu :

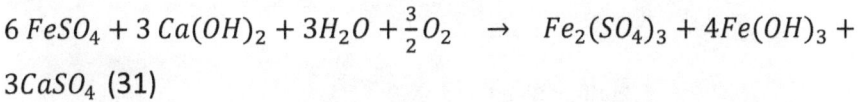

$$6\ FeSO_4 + 3\ Ca(OH)_2 + 3H_2O + \frac{3}{2}O_2 \quad \rightarrow \quad Fe_2(SO_4)_3 + 4Fe(OH)_3 + 3CaSO_4 \ (31)$$

$$CuSO_4 + Ca(OH)_2 \quad \rightarrow \quad Cu(OH)_2 + CaSO_4 \qquad (32)$$

$$CoSO_4 + Ca(OH)_2 \quad \rightarrow \quad Co(OH)_2 + CaSO_4 \qquad (33)$$

L'élévation de pH vers 4,5 en milieu sulfaté peut mener à une hydrolyse avec précipitation d'antlérite :

$$3\ Cu^{2+} + SO_4^{2-} + 4H_2O \quad \rightarrow \quad Cu_3(OH)_4SO_4 + 4H^+ \qquad (34)$$

Au cas où l'élimination du cuivre se fait par sulfuration, les solutions déferrées sont désoxygénées par barbotage d'azote avant l'ajout de *NaHS*. La présence d'oxygène dissous a un impact négatif sur l'activité de *NaHS*.

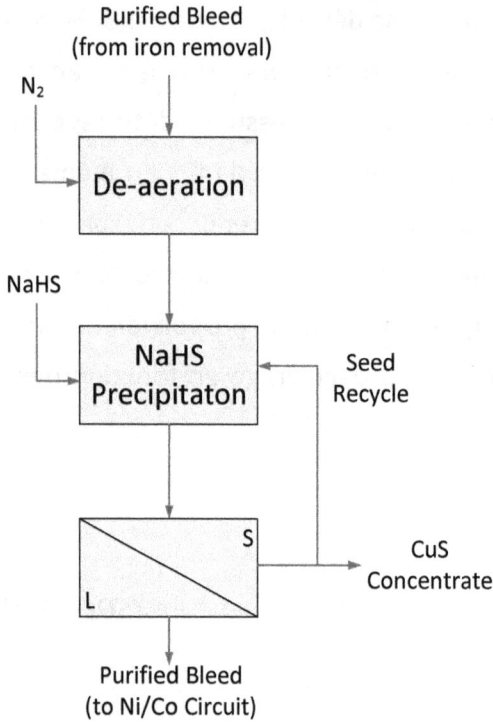

Figure 16 – Décuivrage par sulfuration.

Réactions mises en jeu :

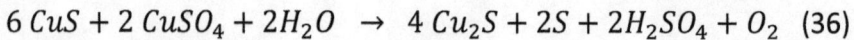

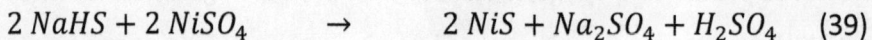

$$2CuSO_4 + 2NaHS \quad \rightarrow \quad 2CuS + Na_2SO_4 + H_2SO_4 \quad (35)$$

$$6\,CuS + 2\,CuSO_4 + 2H_2O \rightarrow 4\,Cu_2S + 2S + 2H_2SO_4 + O_2 \quad (36)$$

$$2NaHS + 2\,ZnSO_4 \quad \rightarrow \quad 2\,ZnS + Na_2SO_4 + H_2SO_4 \quad (37)$$

$$2\,NaHS + 2\,CoSO_4 \quad \rightarrow \quad 2\,CoS + Na_2SO_4 + H_2SO_4 \quad (38)$$

$$2\,NaHS + 2\,NiSO_4 \quad \rightarrow \quad 2\,NiS + Na_2SO_4 + H_2SO_4 \quad (39)$$

Les précipités de sulfures cuivreux CuS sont filtrés au filtre presse et repulpés à l'eau pour obtenir une pulpe à environ 65% de solides. Une proportion de 75% de cette pulpe est recyclée à la précipitation de cuivre pour servir de germes de sulfuration tandis que les 25% restants sont traités pour l'extraction des métaux précipités et en particulier celle du cuivre. Le filtrat du filtre presse contient des quantités minimes de cuivre qui seront précipitées en hydroxydes.

Tous les réacteurs allant du tank de préchauffage à celui de désoxygénation en passant par ceux de précipitation sont soumis au vide dans une certaine mesure afin de limiter les émanations pouvant être toxiques.

Le filtrat du filtre presse à CuS subit une précipitation des autres métaux lourds résiduaires sous-forme d'hydroxydes en deux étapes. La première étape utilise comme apport basique une pulpe d'oxyde de magnésium à 30% et une agitation mécano-pneumatique afin d'obtenir un précipité hydroxyde composite $Ni/Zn/Co/Mg$ séparé par filtration sous filtre presse en un produit commercial pour traitement métallurgique ultérieur.

Les précipités sulfurés de cuivre doivent passer par une étape de grillage en vue d'en récupérer le cuivre ou subissent une lixiviation sous-pression.

Précipitation par l'hydroxyde de magnésium

Les réactions mises en jeu sont :

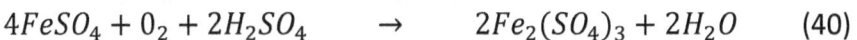

$$4FeSO_4 + O_2 + 2H_2SO_4 \quad \rightarrow \quad 2Fe_2(SO_4)_3 + 2H_2O \qquad (40)$$

$$NiSO_4 + Mg(OH)_2 \quad \rightarrow \quad Ni(OH)_2 + MgSO_4 \qquad (41)$$

$$CoSO_4 + Mg(OH)_2 \quad \rightarrow \quad Co(OH)_2 + MgSO_4 \qquad (42)$$

$$ZnSO_4 + Mg(OH)_2 \quad \rightarrow \quad Zn(OH)_2 + MgSO_4 \qquad (43)$$

$$H_2SO_4 + Mg(OH)_2 \quad \rightarrow \quad 2H_2O + MgSO_4 \qquad (44)$$

$$2\,HCl + Mg(OH)_2 \quad \rightarrow \quad 2H_2O + MgCl_4 \qquad (45)$$

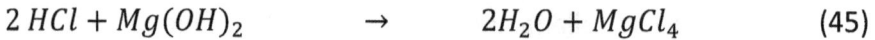

–   Cémentation du cuivre :

L'élimination du cuivre peut se faire par cémentation sur des nodules de cobalt en lit fixe. Cette pratique est appliquée par l'usine Gécamines-Shituru à Likasi en R.D.C..

Par cette pratique, la teneur du cuivre en solution est réduite de 10 à 1 mg/l à pH 2,5.

Les nodules de cobalt sont remués pérodiquement, pour détruire la pellicule de cuivre les enrobant et qui inhibent leur activité.

L'inconvénient majeur pour cette pratique consiste à l'immobilisation de cobalt à l'état solide, matériau hautement valorisable.

–   L'élimination du nickel et du zinc :

L'élimination de ces deux éléments ne peut se faire d'une manière efficace par précipitation à la chaux. Une grande proportion de nickel et de zinc est éliminée lors des processus d'élimination du cuivre sous-forme d'hydroxydes par élévation de pH, processus non assez sélectif pour le cobalt vis-à-vis du nickel et du zinc.

Certaines usines comme celle de Nkana à Kitwe en Zambie appliquent la précipitation à la chaux à pH 7,0 sur 80% du flux issu du déferrage. La surverse poursuit son chemin vers le décobaltage tandis que la souverse est retournée au déferrage.

Il a été développé des procédés de sulfuration et de cémentation sulfurante décrit plus loin dans le processus appliqué à la Gécamines.

L'élimination du nickel peut se faire par ajouts de NH_3 basifiant le milieu réactionnel et produisant du $(NH_4)_2Ni(SO_4)_2.6H_2O$ peu soluble.

Certains appliquent la réduction sélective par H₂ sous-pression.

— <u>L'élimination des éléments précipitant à des pH supérieurs :</u>

Cette étape de précipitation concernant les métaux à pH de précipitation supérieur ou égale à celui du cobalt se fait par élévation de pH au lait de chaux afin de précipiter la quasi-totalité des métaux restant en solution sous-forme d'hydroxydes à recycler à l'étape de lixiviation sous-pression en autoclave précédente.

La précipitation du magnésium qui suit cette étape de précipitation a pour but l'élimination de tout le magnésium ajouté lors des processus de purifications afin d'éviter son accumulation ainsi que celles d'autres métaux dans le circuit.

Cette étape de purification reçoit la surverse des décanteurs issue des étapes de précipitation du cobalt à environ 70 °C dans une série de réacteurs d'élimination du magnésium par ajout de chaux.

$$MgSO_4 + Ca(OH)_2 \quad \rightarrow \quad Mg(OH)_2 + CaSO_4 \quad\quad (46)$$

– <u>La précipitation de l'hydroxyde cobalteux :</u>

L'hydroxyde de sodium ou le carbonate de sodium peuvent être utilisés comme agents précipitants avec l'avantage d'obtenir un produit soluble Na_2SO_4 contrairement à la chaux qui produit du gypse $CaSO_4.2H_2O$ accompagnant le précipité recherché.

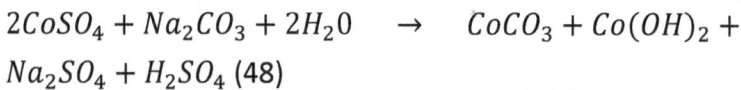

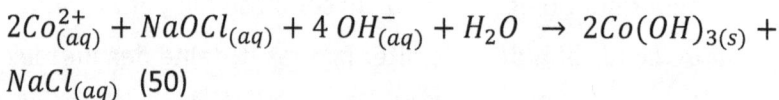

$$CoSO_4 + 2NaOH \quad \rightarrow \quad Co(OH)_2 + Na_2SO_4 \quad\quad (47)$$

$$2CoSO_4 + Na_2CO_3 + 2H_2O \quad \rightarrow \quad CoCO_3 + Co(OH)_2 + Na_2SO_4 + H_2SO_4 \quad (48)$$

$$CoSO_4 + Ca(OH)_2 \quad \rightarrow \quad Co(OH)_2 + CaSO_4 \quad\quad (49)$$

$$2Co^{2+}_{(aq)} + NaOCl_{(aq)} + 4\,OH^-_{(aq)} + H_2O \rightarrow 2Co(OH)_{3(s)} + NaCl_{(aq)} \quad (50)$$

La précipitation par MgO (51) permet d'obtenir un précipité plus riche (> 40% de cobalt) grâce à la production de MgSO4 soluble d'où moins d'entartrement. Il faut noter qu'en milieu chloré, la chaux donne pratiquement d'aussi bons résultats que MgO.

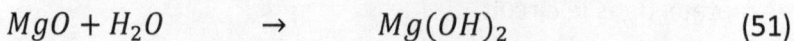

$$MgO + H_2O \quad \rightarrow \quad Mg(OH)_2 \quad\quad (51)$$

$$CoSO_4 + Mg(OH)_2 \quad \rightarrow \quad Co(OH)_2 + MgSO_4 \qquad (52)$$

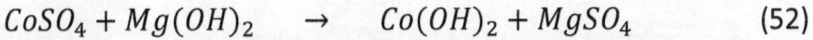

Décobaltage par précipitation par $Ni(OH)_3$

$Ni(OH)_3$ est un purificateur particulièrement efficace dans la métallurgie du nickel.

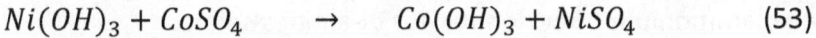

$$Ni(OH)_3 + CoSO_4 \quad \rightarrow \quad Co(OH)_3 + NiSO_4 \qquad (53)$$

Dans le cas de la métallurgie du cobalt, il est fort peu recommandable car il entraîne avec lui les particules résiduaires des métaux étant restés en solution.

– <u>Calcination</u>

$$2Co(OH)_3 \quad \rightarrow \quad Co_2O_3 + 3H_2O \qquad (54)$$

$$2Co_2O_3 + 3C \quad \rightarrow \quad 4\,Co + 3CO_2 \qquad (55)$$

– <u>Réduction par l'hydrogène</u>

Issu du procédé Sherritt-Gordon, le complexe aminé (équation (56)) est réduit à l'état métallique poudreux par l'hydrogène en autoclave à une température de 175°C et sous une pression de 35 atm lors d'un processus discontinu. Le produit est ensuite lavé et séché avant sa commercialisation tel quel ou soit sous-forme de briquettes.

$$Co(NH_3)_2^{2+} + H_2 = Co + 2NH_4^+ \qquad (56)$$

Certains procédés, pour pousser plus loin la récupération du cobalt, ont tendance, en dernière étape de purification, à précipiter le cobalt sous forme d'hydroxyde cobaltique à lixivier par la suite en conditions particulièrement oxydantes et acides.

– <u>Lixiviation ammoniacale</u>

Les hydroxydes de nickel et de cobalt peuvent être lixiviés par le sulfate d'ammonium pour donner des di-amines selon :

$$(NH_4)_2SO_4 + Ni(OH)_2 \quad \rightarrow \quad Ni(NH_3)_2SO_4 + 2H_2O \quad (57)$$

$$(NH_4)_2SO_4 + Co(OH)_2 \quad \rightarrow \quad Co(NH_3)_2SO_4 + 2H_2O \quad (58)$$

Ces complexations ont lieu vers pH 7.0 – 7.5 dans une solution de sulphate d'ammonium à 200 g/l.

4.6 *Production du cobalt à Luilu-Gécamines (R.D.C.)*

Pour la Gécamines et autres compagnies zambiennes telles qu'à Chambishi, les minerais cobaltifères concentrés sont broyés et grillés éventuellement dans le cas des sulfures avant de subir une lixiviation acide. Au cours de cette opération, on s'attaque d'abord à la présence du cobalt trivalent qui ne passe pratiquement pas en solution. Les minerais cobaltiques sont notamment l'hétérogénite dite stainiérite sous sa forme cristallisée $Co_2O_3.H_2O$ ou sa forme $CoO.2Co_2O_3.6H_2O$. On dispose de plusieurs moyens pour cette opération de réduction tels que l'utilisation :

- d'ions ferreux présents dans les solutions ou l'ajout systématique de limaille de fer ;
- de cuivre pulvérulent ;
- de métabisulfite de sodium $Na_2S_2O_5$;
- de SO_2.

L'ajout de ses réducteurs est guidé par le diagramme E-pH du cobalt qui permet de déterminer la zone dans laquelle on doit se situer.

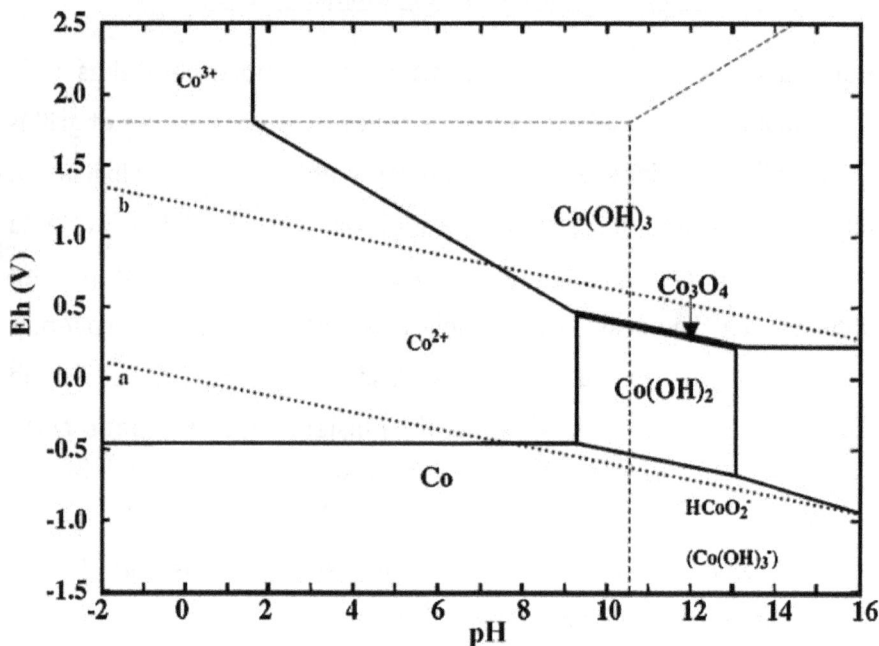

Figure 17 – Diagramme tension-pH du Cobalt en milieu aqueux.

La dissolution réductrice de l'hétérogénite par SO_2 selon le ratio de 50 kg/t de Co se déroule d'après Ferron selon la réaction :[13]

$$2CoOOH + SO_2 + H_2SO_4 \quad \rightarrow \quad 2CoSO_4 + 2H_2O \quad (1)$$

Le SO_2 peut être ajouté à la solution sous forme de métabisulfite de sodium $Na_2S_2O_5$.

L'extraction de cobalt atteint ainsi près de 95% avec toutefois quelques inconvénients tels que :

— les risques de pollution et d'intoxications importants ;

– la diminution de l'extraction du cuivre suite à la production du sel de Chevreult (réaction (2)) à des hautes proportions de SO_2 d'où le taux avancé plus haut.

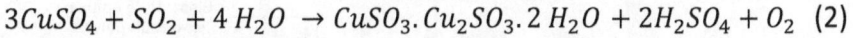

$$3CuSO_4 + SO_2 + 4H_2O \rightarrow CuSO_3.Cu_2SO_3.2H_2O + 2H_2SO_4 + O_2 \quad (2)$$

Le dioxyde de soufre peut servir également de réducteur secondaire. Pour remplacer l'utilisation du dioxyde de soufre, il est parfois proposé l'utilisation de sulfate ferreux $FeSO_4$ dans la solution à lixivier selon (3) :

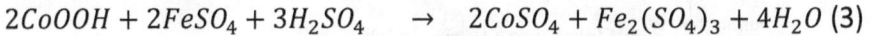

$$2CoOOH + 2FeSO_4 + 3H_2SO_4 \rightarrow 2CoSO_4 + Fe_2(SO_4)_3 + 4H_2O \quad (3)$$

Ce réducteur n'a pas les effets négatifs de l'utilisation directe de SO_2, le réducteur étant en phase dissoute, il n'y a pas de réaction hétérogène gaz-solides influant sur la cinétique de la réaction. La mise en solution du cobalt prendra ici près de 4 heures pour atteindre 90% de récupération au-lieu de 58%. Le réducteur devant être régénéré pour éviter son accumulation et son impact négatif dans la suite du processus, on procède selon :

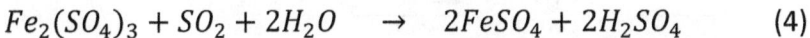

$$Fe_2(SO_4)_3 + SO_2 + 2H_2O \rightarrow 2FeSO_4 + 2H_2SO_4 \quad (4)$$

Le dioxyde de soufre est ainsi un réducteur secondaire.

La production du cobalt électrolytique se poursuit par une purification partielle sélective dite P.P.S..

Lors de ce traitement, il y a deux groupes d'éléments auxquels on doit faire face : ceux précipitant à un pH inférieur celui de précipitation du cobalt et ceux précipitant à un pH supérieur ou égal.

L'essentiel des précipitations se fait à l'aide du lait de chaux. On procède par étapes afin d'éviter un blocage réciproque des réactions.

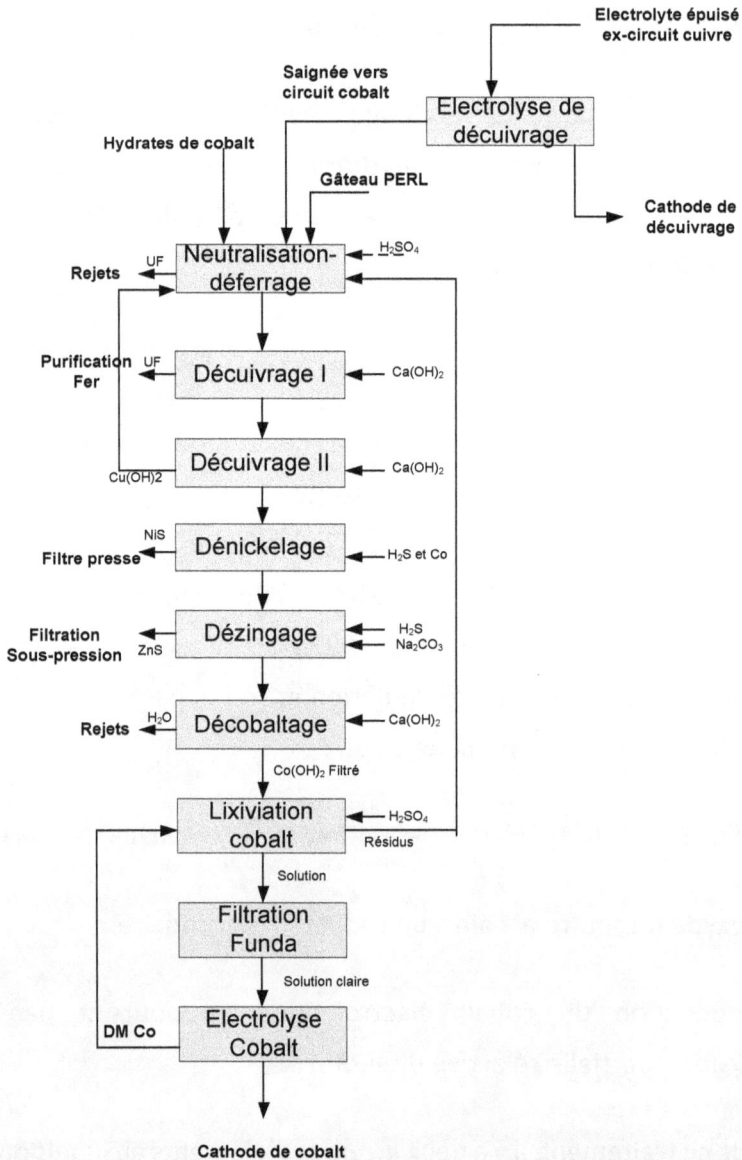

Figure 18 – Circuit cobalt – Luilu – Gécamines (2005).

4.7 *Elimination des éléments précipitant à un pH inférieur à celui du cobalt*

- La neutralisation – déferrage : cette étape concerne l'élimination du fer et de l'aluminium. Il ne s'agit pas à proprement parler de neutralisation car on passe des valeurs de 12-15 g/l d'acide libre à des pH de l'ordre de 2,5 à 3. Le fer est éliminé sous-forme de $Fe_2(SO_4)_3.Fe(OH)_3, (Fe, Al)PO_4.2H_2O, Fe_2O_3$ et $FeO(OH)$.

Les rendements d'élimination sont respectivement pour le fer et l'aluminium de 95% et 75%.

L'apport basique à la neutralisation-déferrage comme le montre le graphique (Figure 18) est constitué par les précipités du second décuivrage à la chaux, les résidus de la lixiviation du cobalt, les précipités de la purification des eaux de récupération et de lavage (P.E.R.L.) et éventuellement de la chaux.

L'apport acide est constitué essentiellement de la saignée cobalt et de l'acide sulfurique frais.

- Le décuivrage : le décuivrage est effectué en deux étapes afin d'avoir un rapport Cu/Co dit sélectivité dans le précipité de l'ordre de 6 au 1er décuivrage et 1,5 au 2nd décuivrage afin de minimiser les emportements de cobalt vers le circuit cuivre dans le premier cas et une recirculation trop importante de cobalt dans le second cas.

Le premier décuivrage à la chaux à pH entre 4,20 et 4,80 a pour but d'arriver à des teneurs en cuivre dans la solution de l'ordre de 1,5 g/l, l'élimination de l'aluminium résiduaire et la production d'un précipité de brochantite $CuSO_4.3Cu(OH)_2.nH_2O$.

Le peaufinement de l'élimination du cuivre se fait par le deuxième décuivrage à la chaux entre pH 5,20 et 5,80 qui a pour objectif de limiter la teneur en cuivre à 0,05 g/l. L'efficience du procédé sera jugée par la sélectivité. Les précipités servent comme apport basique de la neutralisation-déferrage en amont.

- Le dénickelage : il est difficile de faire une précipitation différentielle Ni-Co car le cobalt précipite sous forme d'hydroxyde dans la même gamme de pH que le nickel (pH 7) car ils appartiennent tous à la triade du fer (VIIIb).

Fe Co Ni

Ru Rh Pd

Os Ir   Pt

$$NiSO_{4(aq)} + Ca(OH)_2 \quad \rightarrow \quad Ni(OH)_{2(s)} + CaSO_4 \qquad (5)$$

$$CoSO_{4(aq)} + Ca(OH)_2 \quad \rightarrow \quad Co(OH)_{2(s)} + CaSO_4 \qquad (6)$$

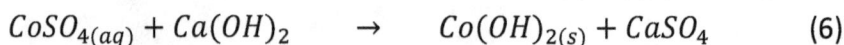

On procède alors par cémentation sulfurante du nickel vis-à-vis du cobalt en notant toutefois que le cobalt et le nickel forment toute une série de sulfures (association avec les éléments du groupe VIa) du type $MeX_2, MeX_3, MeX, Me_9X_8, Me_3X_2, Me_5X_2$, mais les conditions de travail font que l'on privilégie une forme ou une autre.

L'ajout de *NaHS* (sulfhydrate de sodium) a pour but la production de H_2S (voir réaction (7)).

$$2\ NaHS + H_2SO_4 = Na_2SO_4 + 2\ H_2S \qquad (7)$$

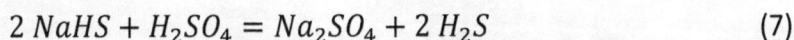

Le sulfure de nickel tendant à se former lors de la sulfuration est NiS colloïdal.

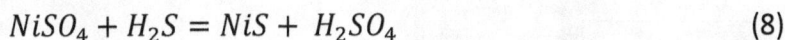

$$NiSO_4 + H_2S = NiS + H_2SO_4 \qquad (8)$$

Ce précipité est renvoyé en tête du dénickelage pour produire Ni_3S_2 cristallin.

$$2\ NiS + Ni^{2+} = Ni_3S_2 \qquad (9)$$

L'excès d'acide de la réaction (8) est neutralisé par les nodules de cobalt utilisés dans les réacteurs servant au dénickelage et jouant aussi le rôle de site de germination du sulfure de nickel.

Le précipité obtenu peut contenir jusqu'à 1% Ni et 14% Co. Le rendement obtenu aux Usines de Luilu tournait autour de 35% lorsque ce procédé était opérationnel.

On peut utiliser directement le soufre comme on le fait sur une saignée d'électrolyte épuisé à l'usine de Gécamines-Shituru mais cela nécessite de travailler à chaud.

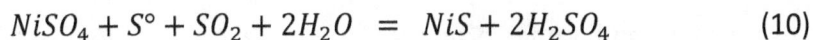

$$NiSO_4 + S° + SO_2 + 2H_2O\ =\ NiS + 2H_2SO_4 \qquad (10)$$

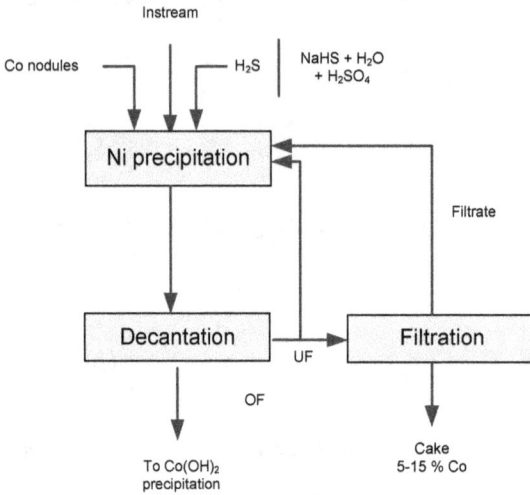

Figure 19 – Dénickelage par cémentation sulfurante.

- Le dézingage

Ce qui fait la particularité de l'hydrométallurgie du cobalt katangais est la présence du zinc qui est un véritable poison (près de 2000 PPM au-lieu de de 100 PPM.[12]) pour son électrolyse lorsqu'il n'est pas maîtrisé.

Certaines usines zambiennes pratiquent un grillage en lit fluidisé à des conditions telles qu'une grande portion du zinc est éliminée pas volatilisation.

L'élimination du zinc des solutions $ZnSO_4 + CoSO_4$ se fait préférentiellement par la production de ZnS au détriment de sulfures de cobalt à cause de sa grande cinétique de nucléation. La précipitation de *ZnS* est immédiate tandis que celle de *CoS* est précédée d'une période d'induction relativement plus longue.

A 25°C, les produits de solubilités sont respectivement :

Pour *ZnS* = $1.10^{-24,1}$ et pour *CoS* = $1.10^{-22,1}$

Selon la thermodynamique, les concentrations résiduelles devraient être de $1.10^{-24,1}$ / $1.10^{-22,1}$ soit 1 Zn^{++} pour 100 Co^{++} mais la réalité donnant 1 Zn^{++} pour 100 000 Co^{++} prouve que seul un fait cinétique peut expliquer la précipitation préférentielle de *ZnS*.

La sursaturation est calculée avec :

$$S = (\frac{a_{Me^{2+}} \cdot a_{S^-}}{K_S})^{1/2}$$

Le numérateur est le produit des activités initiales des réactifs. K_S est le produit de solubilité des sulfures.

Le dézingage par *NaHS* est assez efficace si le pH de la solution empêche la précipitation directe de *CoS* (pH=3,80).

L'acide libéré par la formation de *ZnS* (et l'excès de H_2S) risque de le dissoudre.

$$ZnSO_4 + H_2S = ZnS + H_2SO_4 \qquad\qquad (11)$$

Il est ainsi recommandé de bloquer le pH entre 5 et 6 dès que la réaction recherchée a lieu, la solubilité de *ZnS* y étant très faible, il n'y a pas de risque de le dissoudre. Le réactif utilisé pour relever le pH est le carbonate de sodium Na_2CO_3 car il convient mieux que le carbonate de calcium $CaCO_3$ risquant de provoquer une sursaturation en $CaSO_4$ provoquant l'apparition de cristaux sur les cathodes lors d'électrolyses ultérieures et la soude $NaOH$ formant un sulfate basique se solubilisant lentement.

Au cours du processus de vieillissement de ZnS, il y a risque d'apparition de solutions solides $(Zn_{1-x}.Co_x)S$ de produit de solubilité supérieur à celui de ZnS d'où un risque de dissolution à réduire par une filtration rapide immédiatement après dézingage.

Le rendement de dézingage.

Le rendement de dézingage est supérieur à 95% pour une teneur en zinc finale de 1 mg/l. La diminution de moitié de cette teneur résiduelle mène à une consommation accrue de 100% en $NaHS$.

4.8   *Elimination des éléments précipitant à un pH supérieur ou égal à celui du cobalt*

-   Le décobaltage :

Au cours de cette étape, on écarte les éléments ayant un pH de précipitation supérieur à celui du cobalt, notamment Mn^{2+} , en précipitant le cobalt sous-forme de pulpe à 40-70 g/l de solides de $2CoSO_4.3Co(OH)_2$ [généralement $yCoSO_4.xCo(OH)_2$] de couleur verte.

On pratique pour cela une précipitation dite en simple ou en double décobaltage. Le second choix permet la minimisation de la consommation de chaux pour le processus de précipitation, une diminution de la surface de décantation, une consommation moindre d'acide à l'étape de lixiviation suivante et une meilleure élimination de Mg^{2+} et Mn^{2+}. La première précipitation du cobalt effectuée entre pH 7,50 et 7,80 limite la coprécipitation de Mg^{2+} et Mn^{2+}. La seconde précipitation effectuée à pH 8,20 permet la précipitation de la quasi-totalité du cobalt qui est renvoyée en tête du décobaltage où $Mg(OH)_2$ et $Mn(OH)_2$ entraînés sont remis en solution.

Les surverses des décanteurs après décobaltage doivent contenir moins de 0,30 g/l de cobalt en solution et sont rejetées à défaut d'une extraction de cobalt poussée. Le gâteau précipité et filtré doit contenir 16 à 20% de cobalt seulement à cause de la présence du gypse $CaSO_4 . 2H_2O$ peu soluble. On comprend ici l'un des intérêts de précipiter le cobalt en utilisant la chaux de manière rationnelle en milieu sulfaté.

Le lavage des gâteaux de filtres décobaltage avec la solution épuisée issue d'une salle d'électro-extraction du cobalt à pour effet, outre celui d'enrichir le circuit en aval, l'élimination du sélénium, du manganèse et autres impuretés contenues dans les solutions imprégnantes.

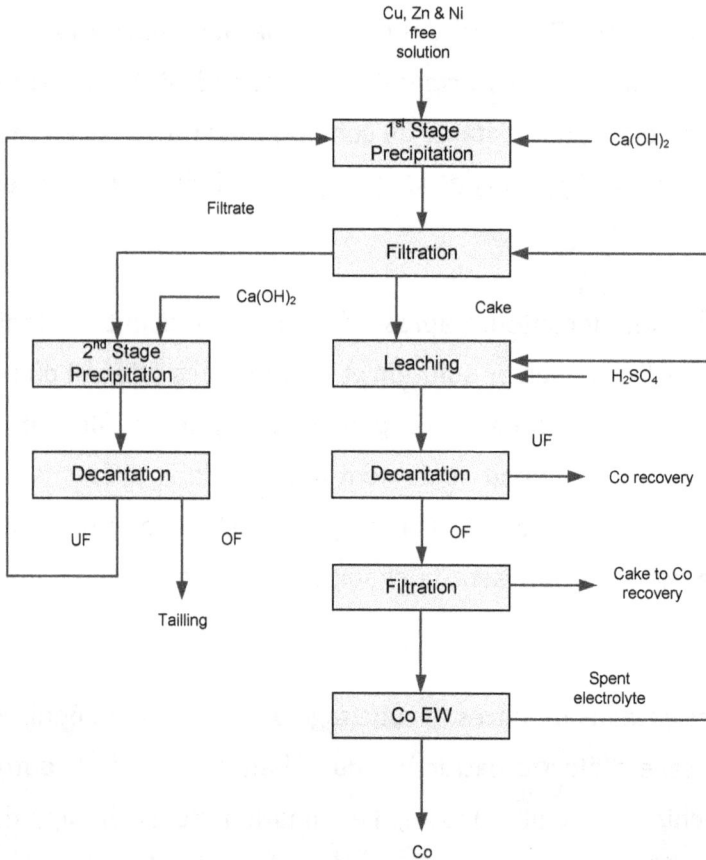

Figure 20 – Double précipitation du cobalt.

- Elimination du manganèse :

Le manganèse est utile dans l'électrolyse du cobalt par le fait qu'il stabilise chimiquement dans une certaine mesure les anodes en plomb grâce à la pellicule anti-corrosion de MnO_2 qui les recouvre. Pour le contrôle de la teneur en manganèse en solution, les modes d'éliminations sont nombreux.

L'élimination du manganèse peut être effectuée par oxydation.

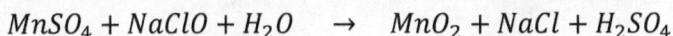

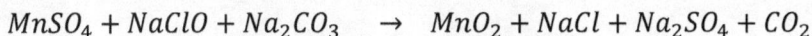

$$MnSO_4 + NaClO + H_2O \quad \rightarrow \quad MnO_2 + NaCl + H_2SO_4$$

$$MnSO_4 + NaClO + Na_2CO_3 \quad \rightarrow \quad MnO_2 + NaCl + Na_2SO_4 + CO_2$$

Des oxydants peu coûteux tels que des mélanges air/SO_2, SO_2/O_2 sont parfois utilisés pour éliminer ou réduire MnO_2 des solutions. SO_2 peut provenir d'une unité de grillage disponible.

Pour des zones de pH <7 et un potentiel redox élevé, le manganèse précipite généralement sous forme de MnO_2 :

$$MnSO_4 + SO_2 + O_2 + 2H_2O \quad \rightarrow \quad MnO_2 + 2H_2SO_4$$

Pour une particulière zone de 5< pH <7 et un potentiel redox relativement moins élevé, le manganèse précipite sous forme de Mn_2O_3.

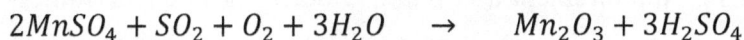

$$2MnSO_4 + SO_2 + O_2 + 3H_2O \quad \rightarrow \quad Mn_2O_3 + 3H_2SO_4$$

Ces réactions peuvent être prédites par le diagramme tension-pH $Mn - Co - O_2$.

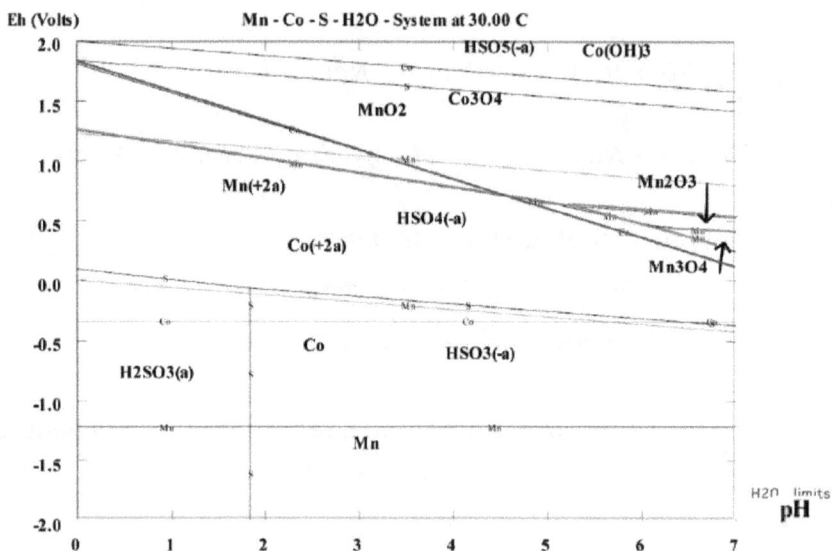

Figure 21 – Diagramme de Pourbaix à 2 g/l Mn(II), 6,5 g/l Co(II) et 4,8 g/l S(IV).

- La lixiviation du cobalt :

C'est l'ultime préparation de l'électrolyte en vue d'une électrolyse en solution claire contrairement à la pratique des usines de Gécamines-Shituru où une électro-lixiviation a lieu directement sur la pulpe issue du décobaltage.

La lixiviation des hydrates de cobalt doit se faire dans des conditions qui :

- maximisent la mise en solution du cobalt,
- minimisent la mise en solution d'autres éléments gênants comme le zinc ayant résisté au dézingage.

Le pH recommandé varie entre 6,20 et 6,30 et sa fixation est dictée par différents éléments tels que la présence d'impuretés comme le cuivre et le zinc, une recherche de rendement de déposition électrolytique optimale.

Le léger vieillissement de la solution (quelques heures) doit permettre l'oxydation du soufre S en soufre élémentaire S° afin de le retenir aux filtres.

La teneur en cobalt des résidus de cette lixiviation doit être inférieure ou égale à 3,5%. La solution imprégnant le gâteau de filtration doit contenir au maximum 5 g/l en cobalt.

Il faut noter que le rendement de récupération du cobalt dans les usines de la Gécamines, l'un des plus grands producteurs du monde, par ces procédés appliqués et développés dans les années 50 a toujours été renseigné inférieur à 55% mais cela peut être dû à des mesures imprécises.[29]

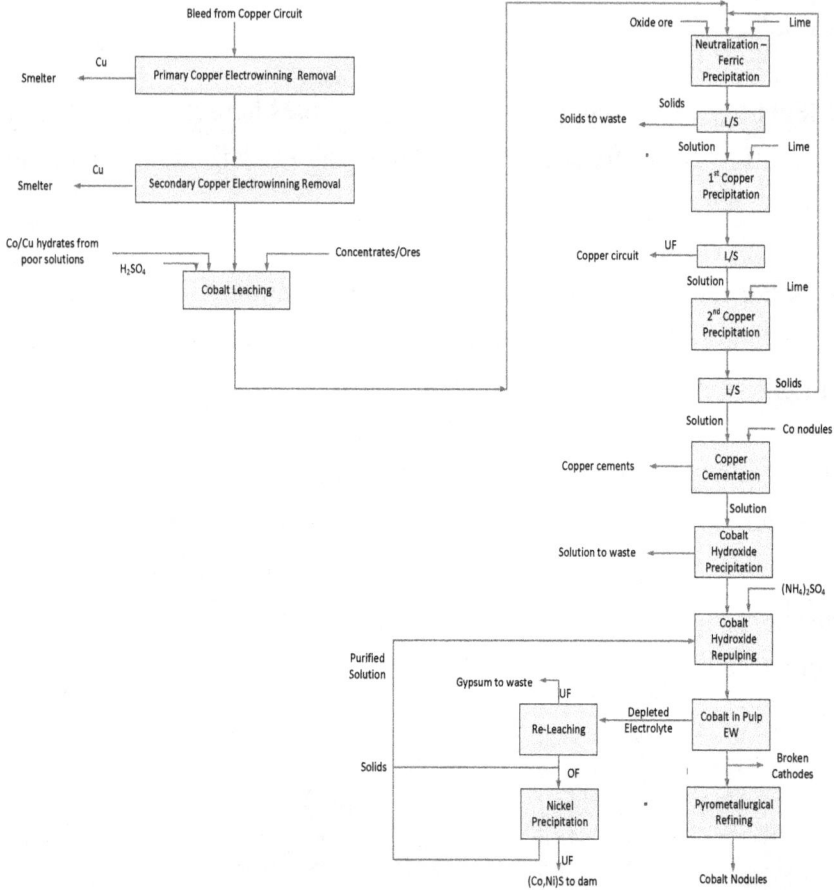

Figure 22 – Flow-sheet du circuit cobalt de Shituru – Gécamines – RDC.

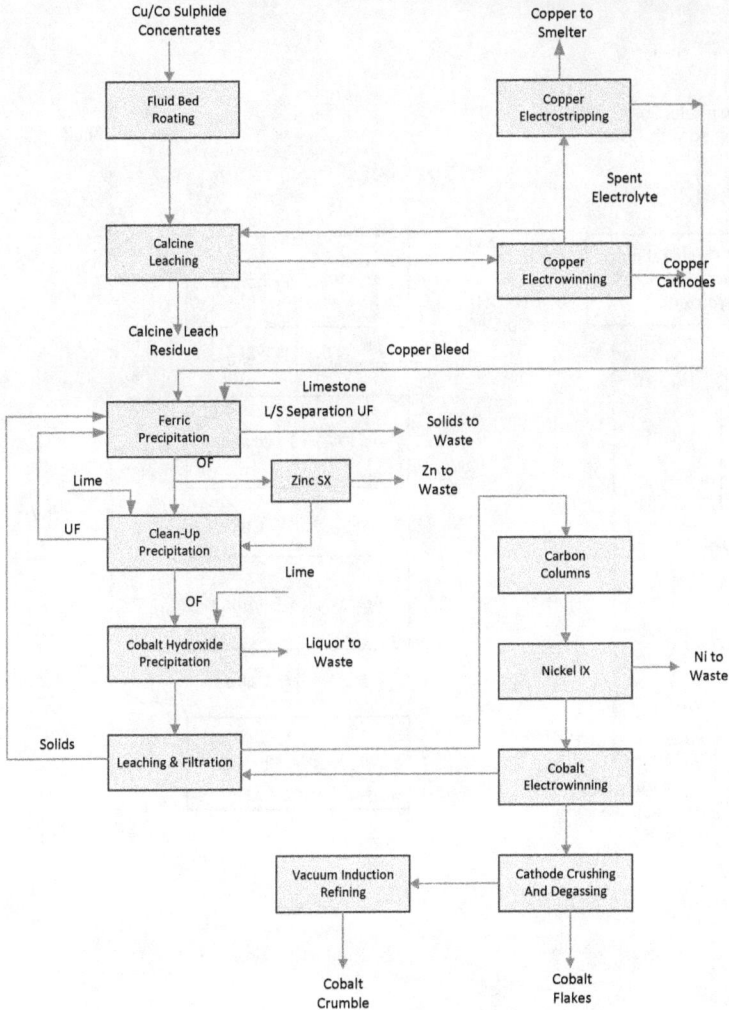

Figure 23 – Flow-sheet Grillage-Lixiviation-Electrolyse Chambishi.

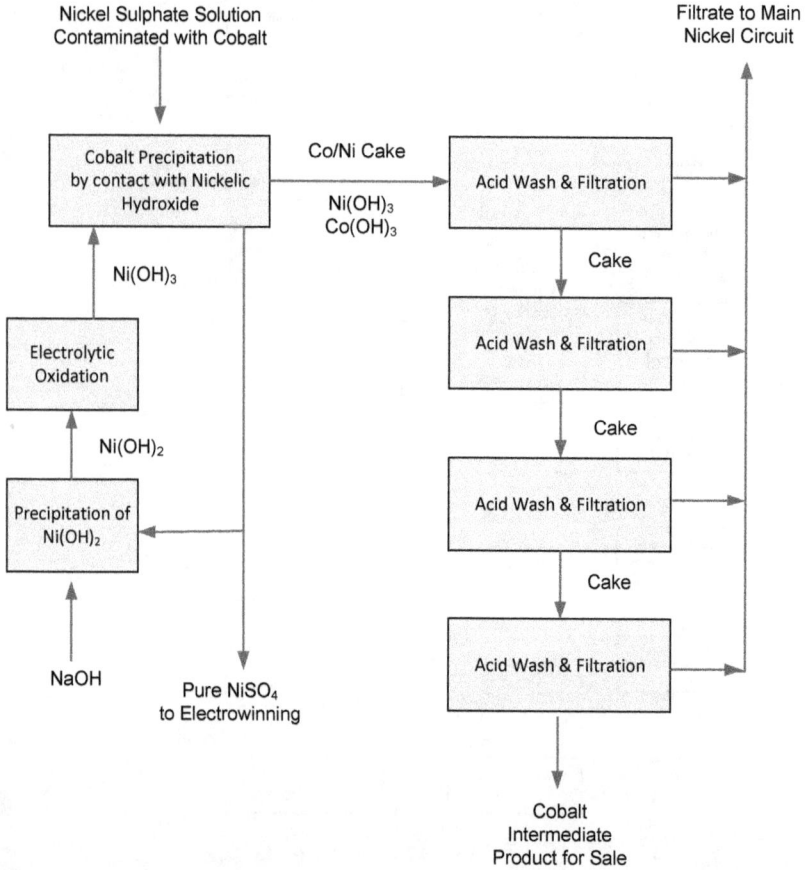

Figure 24 – Flow-sheet du décobaltage au circuit sulfate de nickel – Outokumpu.

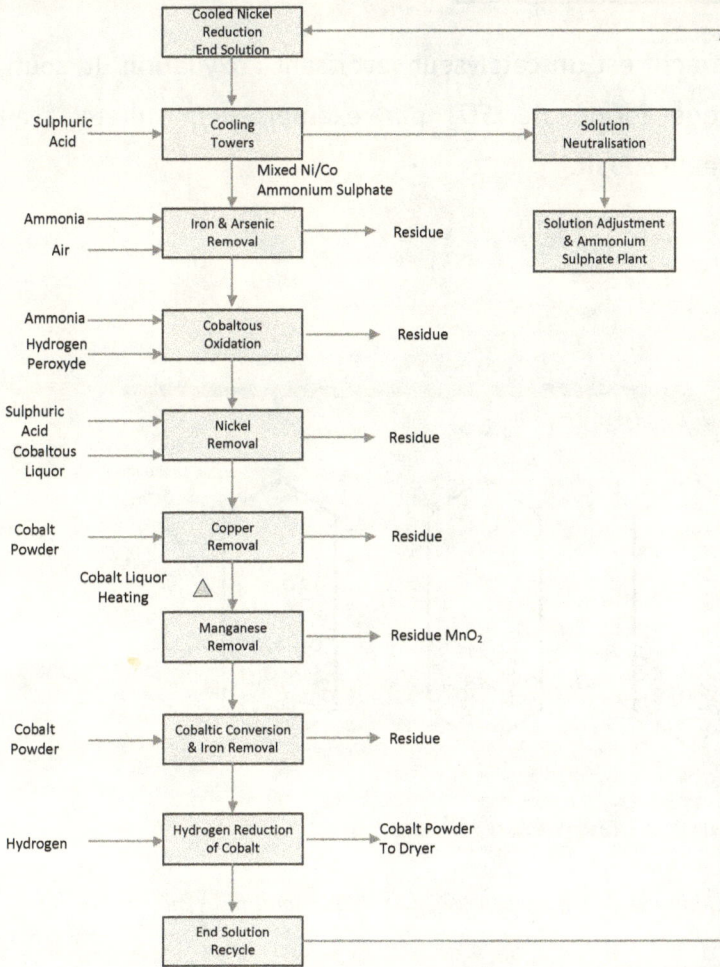

Figure 25 – Flow-sheet usine de raffinage du cobalt Impala.

5. Elimination des matières organiques

La solution riche destinée à l'électrolyse doit être exempte de soufre dissous et de matières organiques (floculants, etc) afin de ne pas polluer le dépôt cathodique. Cette purification peut se dérouler de plusieurs façons.

5.1   *Colonnes de charbon actif*

Le charbon actif est un catalyseur favorisant l'oxydation du soufre dissous (sous forme de SO_2 par exemple) en sulfate avant l'électrolyse du cobalt.

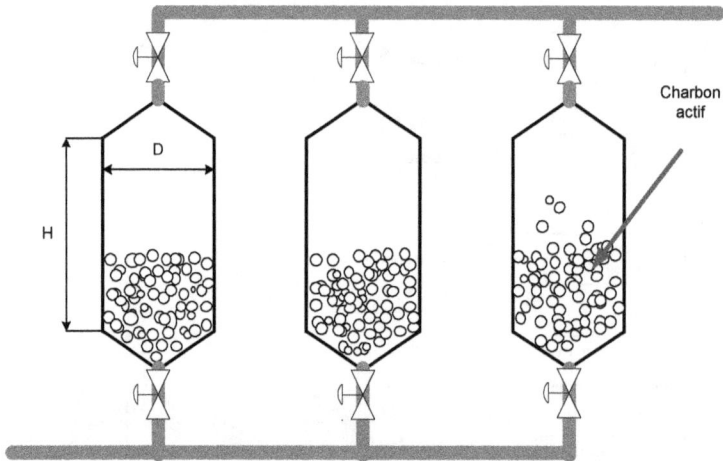

Figure 26 – Colonnes de purification des solutions cobaltifères au charbon actif.

Débit spécifique $\frac{m^3}{m^2 h}$ = 12

Configuration H/D = 2.8

Nombre de colonnes en parallèle = 3

Solution de régénération : 10% H_2SO_4 + 0.2% dichromate de potassium $K_2Cr_2O_7$.

Débit spécifique de régénération $\frac{m^3}{m^2h}$ = 24

Certaines usines comme celle de Luilu en R.D.C. pratiquent une addition de pulpe faite d'eau et charbon fin directement dans le flux pour arriver à l'élimination des matériaux organiques.

5.2   *Barbottage d'air*

Cette technique est parfois appliquée dans le but de détruire les composés organiques par oxydation.

Elle consiste en une insuflation d'air au sein d'un réservoir transitoire avant une ultime étape de filtration précédent l'électrolyse du cobalt.

5.3   *Purification par ultrasons*

Afin de pousser d'avantage la désulfuration des solutions avant l'électrolyse de cobalt, la génération d'ultrasons a été parfois envisagée dans certaines unités métallurgiques. Cette technique, empruntée à la production d'hydrocarbures consiste en une irradiation d'une solution par des ultrasons, cette opération crée des cavitations provoquant à leurs tours la formation de sulfate permettant la collection de soufre dans une phase à retirer à l'aide d'un extractant.

5.4   *Désulfuration bactérienne*

Elle peut être envisageable si l'impact sur l'électrolyse est minime.

6. <u>Extractions par solvants (SX) – échanges d'ions (IX) – oxydations diverses</u>

La lixiviation et la bio-lixiviation en milieu acides et oxydés amènent la solubilisation de métaux valorisable (*Cu, Fe, Ni, Co, Zn*) et parfois toxiques (*As*). Cela implique des étapes de purification pouvant se dérouler par extraction par solvant ou par échange d'ions qui ont l'avantage par rapport à la précipitation chimique à la chaux notamment :

- d'avoir des coûts d'installation et opératoires moindres ;
- d'avoir moins de pertes par coprécipitation de métaux valorisables ;
- de provoquer moins de recirculation de métaux (cobalt) ;
- d'assurer un rendement de récupération meilleur ;
- de donner à terme un produit de qualité meilleure.

6.1 *Choix des extractants*

Le choix d'un extractant doit tenir compte de plusieurs éléments tels que :

- une séparation claire des phases.
- le point d'écoulement.
- l'extraction sélective du métal recherché d'une phase aqueuse le contenant. Cette phase est issue d'un procédé hydrométallurgique ou peut être des effluents minéralisés des mines ou des rejets aqueux de traitements industriels.

- la possibilité d'être strippé pour produire une solution d'où on peut extraire le métal désiré sous une forme acceptable en vue d'une production électrolytique, une cristallisation ou une précipitation de sels.
- la stabilité chimique et physique dans le circuit d'extraction par solvent permettant son recyclage sans pertes ou dégradations exagérées lors des cycles de recyclage.
- le point éclair.
- le respect des contraintes et normes environnementales.
- des cinétiques d'extraction et de strippage acceptables pour des opérations industrielles.
- l'extractant sous ses formes chargée et déchargée doit être soluble dans un diluant peu coûteux satisfaisant lui-même aux conditions environnementales et aux réglementations en vigueur. A défaut, un tel extractant doit être en mesure d'être utilisé seul (100% de volume), jouant lui-même le rôle de diluant.
- l'extractant ne doit pas transférer de composants indésirables du strippage vers l'extraction.
- l'extractant doit être capable de supporter la présence de crasse minéralisée mais ne doit pas faciliter sa formation.
- les pertes par évaporations.
- la facilité d'approvisionnement.
- l'extractant doit être moins cher afin de permettre une voie de traitement économique.

Les extractants sont répartis en 5 catégories majeures :

- agents neutres ou solvatants,

- extractants acides organiques,
- échangeurs de cations,
- agents chélatants,
- extractants par paire d'ions.

6.2   *Intérêt de l'extraction par solvant*

L'extraction par solvant (SX) des métaux non-ferreux a connu sa plus grande application suite au succès de son utilisation dans la métallurgie de l'uranium et l'apparition d'extractants de nouvelles générations, plus sélectifs et donnant les résultats recherchés dans des conditions moins contraignantes.

Les raisons sont nombreuses pour faire le choix de l'extraction par solvants pour les solutions contenant *Co, Ni, Zn* et *Cu* ainsi que d'autres impuretés (*Ca*, etc) entr'autres :

- la volonté de séparer des métaux aux propriétés physico-chimiques proches,
- l'exigence de pureté accrue des métaux produits,
- l'amélioration d'unités de traitement en opération,
- la réduction du coût opératoire en réactifs,
- la réduction du coût en main d'œuvre,
- la réduction en consommation d'énergie,
- l'amélioration de l'impact environnemental.

6.3   *Diluant*

Le diluant influence grandement la sélectivité de l'extractant par rapport aux entraînements au point de vue chimique et mécanique.

Le diluant sera choisi pour :

- accroître la solubilité dans la phase organique du complexe métal-extractant,
- modifier l'équilibre,
- influencer la sélectivité de l'extractant,
- son coût,
- satisfaire à des conditions de sécurité relatives à son ignition potentielle.

6.4 *Caractérisation des extractants industriels*

- Amines tertiaires : alamine 336, Alamine 308 et Adogen 381. Elles sont utilisées pour l'extraction du cobalt des solutions nickel-chlorures.
- Acides carboxyliques : Versatic 10. Ils sont utilisés pour l'extraction du cobalt et/ou nickel des solutions sulfatées.
- Acides organophosphoniques : PC-88A (P507, SME-418), Ionquest 801. Ils sont utilisés pour l'extraction du cobalt des solutions nickel-sulfates.
- Acides organophosphiniques : Cyanex 272. Ils sont utilisés pour l'extraction du cobalt et du nickel en milieux sulfates ou chlorés.
- Ketoximes : LIX 87QN, LIX 84. C'est un extractant plutôt utilisé pour l'extraction du nickel des solutions ammoniacales.

En résumé, le choix d'un extractant se fait selon que l'on soit en présence de 3 solutions dans l'extraction *Ni/Co* :

- Les chlorures : les amines tertiaires.

- Les sulfates : les organophosphoriques, les organophosphoniques, les organophosphiniques.
- Les ammoniacales : le ketoxime.

6.5 *Séparation du nickel et du cobalt par tri-n-octylamine (TOA)*

Extraction :

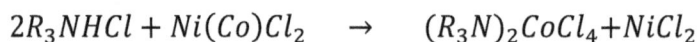

$$2R_3NHCl + Ni(Co)Cl_2 \quad \rightarrow \quad (R_3N)_2CoCl_4 + NiCl_2$$

Stripping :

$$(R_3N)_2CoCl_4 \quad \rightarrow \quad 2R_3NHCl + CoCl_2$$

Le Cyanex 301 est un extractant récent qui est un acide organique du type dithiophosphinique développé à l'origine avec la version monothiophosphinique Cyanex 302 pour l'extraction sélective du zinc des solutions contenant du calcium et du magnésium.

Le Cyanex 301 est particulièrement apprécié dans l'extraction *Ni/Co* à bas pH notamment et pour sa cinétique pour des solutions de lixiviations sulfatées d'origines latéritiques.

Parmis les inconvénients dans l'utilisation du Cyanex 301, il est relevé :

- Une faible cinétique de strippage.
- L'extraction concurrente de Cu et Cr(IV).
- La susceptibilité à l'oxydation nécessitant son utilisation dans une atmosphère pauvre en O_2 et sa régénération.

Tableau 9 – Extractants utilisés industriellement.[4][32]

Extractant	Type	Fournisseur
DEHPA	Acide phosphorique	Rhodia, Hoechst, Daihachi
P 204	Acide phosphonique	Shangai Chemical Plant
PC 88A	Acide phosphonique	Daihachi, Luyoang Zhongda Chemical (China)
SME-418	Acide phosphonique	Shell Chemicals
P 507	Acide phosphonique	
Ionquest 801	Acide phosphonique	Rhodia
Cyanex 272	Acide phosphinique	Cytec
Lix 272	Acide phosphinique	
Ionquest 290	Acide phosphinique	
Cyanex 301, 302	Acide phosphonique	Cytec
IDDPA	Acide isododecylphosphatanique	Russie
Versatic 10	Acide monocarboxylique tertiaire	Shell Chemicals
LIX série	Agent chélatant	Cognis
Acorga série	Agent chélatant	ICI-Zeneca
Alamine 336	Amine tertiaire	Cognis
Adogen 363,364	Amines tertiaires	WITCO
TBP	Tributylphosphate	

6.6 *Extractions par solvants du cobalt et du zinc*

La séparation du cobalt et du zinc peut se faire par extraction par solvant à l'aide d'extractants synergétiques conçus pour des séparations spécifiques. Un extractant utilisé pour la séparation du cobalt et du zinc est un mélange versatic 10 − LIX 63 ayant une extraction prioritaire respectivement pour le cobalt, le zinc et le manganèse.

Extraction du cobalt et du zinc associés à une faible quantité de manganèse

$$CoSO_4 + 2HR_{(org)} + Na_2CO_3 = CoR_{2(org)} + Na_2SO_4 + CO_{2(g)} + H_2O$$

$$ZnSO_4 + 2HR_{(org)} + Na_2CO_3 = ZnR_{2(org)} + Na_2SO_4 + CO_{2(g)} + H_2O$$

$$MnSO_4 + 2HR_{(org)} + Na_2CO_3 = MnR_{2(org)} + Na_2SO_4 + CO_{2(g)} + H_2O$$

Elimination du manganèse et du zinc

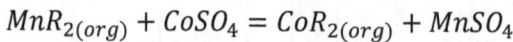

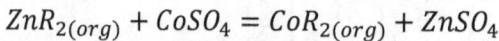

$$MnR_{2(org)} + CoSO_4 = CoR_{2(org)} + MnSO_4$$

$$ZnR_{2(org)} + CoSO_4 = CoR_{2(org)} + ZnSO_4$$

Stripping du cobalt

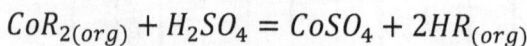

$$CoR_{2(org)} + H_2SO_4 = CoSO_4 + 2HR_{(org)}$$

Elimination du zinc et électrolyse d'extraction du cobalt

La solution cobaltifère contient une faible teneur de zinc ainsi que d'autres impuretés. Cette solution sera traitée tout d'abord pour l'élimination du zinc et par la suite pour l'extraction du cobalt jusqu'à son électrolyse. Les procédés d'extraction du zinc et du cobalt vont utiliser le Cyanex 272 (2,4,4-trimethylpentyl) qui est un acide phosphinique comme extractant.

Les acides phosphiniques extraient le zinc et les composés de fer prioritairement à l'aluminium, le cuivre, le manganèse et le cobalt.

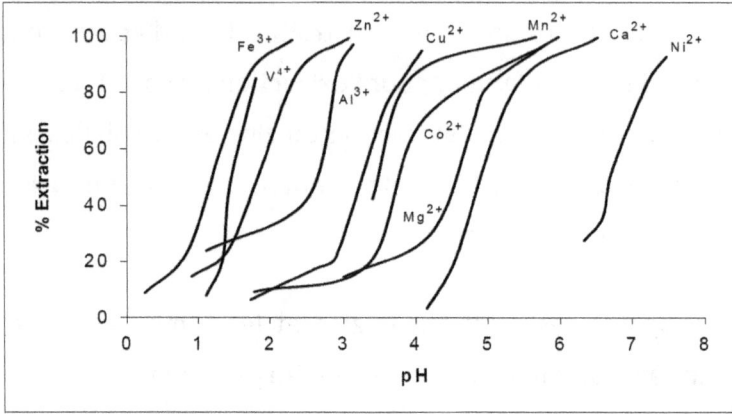

Figure 27 – Extraction des métaux en utilisant le Cyanex 272 comme extractant dans des milieux sulfatés.

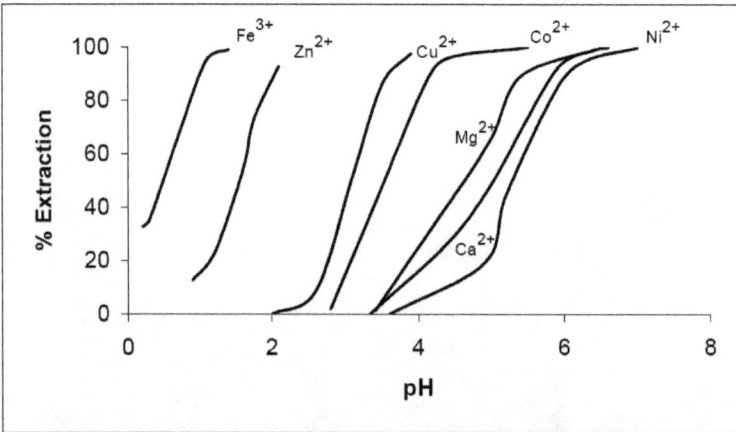

Figure 28 – Extraction des métaux en utilisant le Cyanex 272 comme extractant dans des milieux chlorés.

6.7 *Colonne à flux pulsé (Bateman Pulse Column – BPC)*

La colonne à flux pulsé ou Bateman Pulse column est un contacteur à contre-courant pour la purification par le cyanex 272 ou 301 où une section sert d'unité de mélange de phases subissant des pulsions d'air comprimé à travers des disques perforés ou des chicanes. Deux décanteurs sont prévus pour la séparation des phases organiques et solides et ils sont situés aux extrémités de la colonne. La phase la moins dense (phase organique) est introduite dans la colonne par le bas et est évacuée par le haut tandis que la phase la plus dense (phase aqueuse) est quant à elle, introduite par le haut pour sortir par le bas de la colonne. Selon que la phase continue soit la phase organique ou aqueuse, on aura un contrôle par décanteur inférieur (bottom decanter control) ou un contrôle par décanteur supérieur (top decanter control).

Les avantages des colonnes pulsées (BPC) sont :

- processus continu et simple,
- isolement des matières organiques telles que le cyanex 301 (séparation *Ni/Co*) qui ont la particularité de s'oxyder facilement et irréversiblement,
- miscibilité améliorée des phases en précence dans des passages forcés,
- faible génération de gaz toxiques,
- de plus importants flux véhiculés sans risques de débordements ayant des impacts financiers et environementaux négatifs,
- peu d'emportements,

- possibilité de traiter des flux comportant des particules solides en suspension ou qui en forment,
- bonne conservation des vapeurs,
- plusieurs étages en une seule unité,
- besoin relativement réduit en volume d'extractant d'où une rétention minime de réactifs,
- pratiquement pas d'éléments mécaniques internes,
- maintenance relativement réduite,
- plus faible occupation au sol (1/10 des systèmes concurrents),
- capital installé relativement moindre.

Les mélangeurs-décanteurs conventionnels restent les concurrents essentiels des colonnes pulsées à cause de la complexité du mode opératoire de ces derniers et du coût de leur investissement.

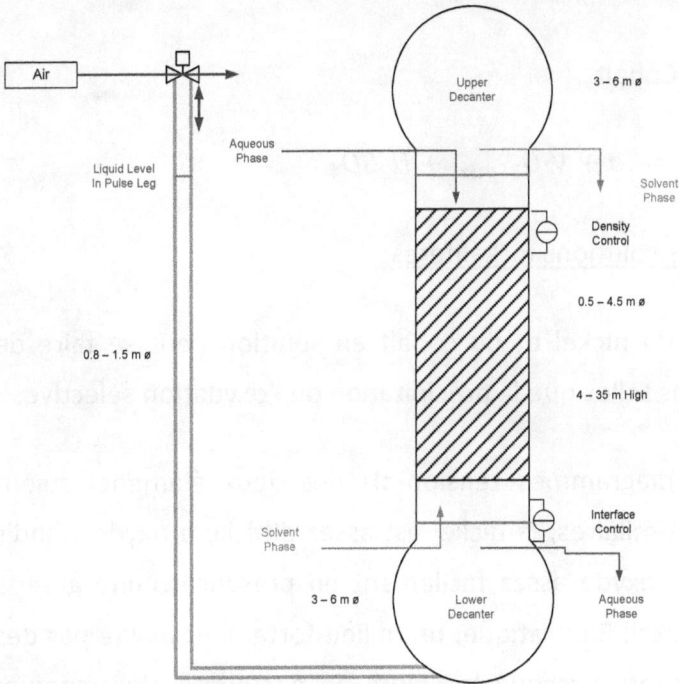

Figure 29 – Colonne Pulsée Bateman – BPC.

L'extraction du Zinc

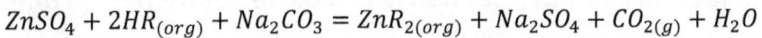

$$ZnSO_4 + 2HR_{(org)} + Na_2CO_3 = ZnR_{2(org)} + Na_2SO_4 + CO_{2(g)} + H_2O$$

Stripping du Zinc

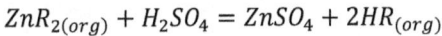

$$ZnR_{2(org)} + H_2SO_4 = ZnSO_4 + 2HR_{(org)}$$

Extraction du Cobalt

$$CoSO_4 + 2HR_{(org)} + Na_2CO_3 = CoR_{2(org)} + Na_2SO_4 + CO_{2(g)} + H_2O$$

Stripping du Cobalt

$$CoR_{2(org)} + H_2SO_4 = CoSO_4 + 2HR_{(org)}$$

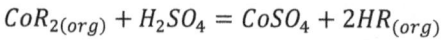

Electrolyse du Cobalt

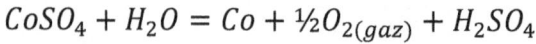

$$CoSO_4 + H_2O = Co + \frac{1}{2}O_{2(gaz)} + H_2SO_4$$

Purification des solutions nickélifères

La séparation du nickel et du cobalt en solution peut se faire de plusieurs façons telles que la précipitation ou l'oxydation sélective.

Bien que les diagrammes tension-pH des deux éléments soient pratiquement similaires, le nickel est assez difficile à oxyder tandis que le cobalt s'oxyde assez facilement en présence d'une grande quantité de nickel. En pratique, un milieu fortement oxydé par des oxydants puissants tels que le chlore, le persulfate d'ammonium $(NH_4)_2S_2O_8$, l'acide de Caro H_2SO_5 (acide persulfurique, acide peroxysulfurique) ou l'ozone O_3 est requis.

Pour des amines tertiaires telles que l'alamine 308, cet extractant anionique extrait $CoCl_4^{2-}$ et non le complexe neutre $NiCl_2$ comme le montre la Figure 30.

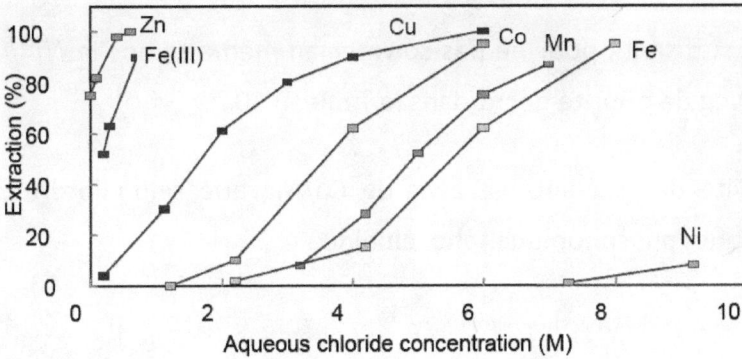

Figure 30 – Extraction des métaux en utilisant Alamine 308 comme extractant dans des milieux chlorés.

Dans le procédé à l'amine-soluble cobaltique du procédé Sherritt-Gordon, l'air sous–pression est utilisé comme oxydant et le cobalt métallique est obtenu à l'état poudreux selon :

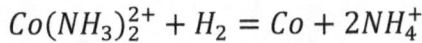

$$Co(NH_3)_2^{2+} + H_2 = Co + 2NH_4^+$$

Les résines échangeuses d'ions sont particulièrement employées pour former en milieu chloré des complexes anioniques de cobalt $ClCo^{3-}$, $ClCo^{4-}$ tandis que le nickel n'en forme pas. Ces complexes sont particulièrement fragiles et concurrencés par d'autres complexes ferriques, cuivriques et de zinc.

La production de chélates est réalisable à l'aide des résines du type XFS telles que XSF4195, XFS4196 et XSF43084 de Dow Chemical Company qui sont particulièrement sélectives pour le nickel vis-à-vis du cobalt. Ces résines ont la particularité de capter également le cuivre résiduaire des solutions cobaltifères.

Le tributyl-phospate (TBP) est un agent solvatant cationique qui permettra d'effectuer l'extraction de cation Co^{2+} tout en ayant une sélectivité suffisante pour ne pas solvater en même temps le Ni^{2+} selon un rang de priorité décrit dans le Tableau 10.

La sélectivité des solvants vis-à-vis de Co/Ni varie selon l'ordre : phosphorique<phosphonique<phosphinique :

Tableau 10 – Rangs d'extraction prioritaire.[32]

DEHPA	Fe>Cu>Zn>Ca>Mg>Co~Mn>Ni
PC88A, P507, Ionquest 801	Fe>Cu>Zn>Ca>Co~Mn>Mg>Ni
Cyanex 272	Fe> Cu>Zn>Co~Mn>Mg>Ca>Ni
Cyanex 301, 302	Fe> Cu>Co> Mn>Ni>Ca>Mg
Versatic 10	Fe> Cu>Zn>Ni> Co>Mn>Ca>Mg
Amines	Zn>Fe>Cu>Co>Mn> Ni
TBP	Fe>Zn>Cu>Co> Ni

On remarque qu'à l'exception du versatic 10, l'extraction du cobalt est privilégiée par rapport à celle du nickel.

Avantage du Cyanex 272 en milieux acides :

– Faible affinité pour le calcium d'où moins de formation de masses en suspension

– Sélectivité Cobalt/Nickel (7000/1) plus grande que pour le PC-88A (300/1), D2EHPA (14/1).

– Cinétique d'extraction légèrement plus lente que pour D2EHPA sans impact négatif renseigné.

Ces avantages font que plus de 40% de la production hydrométallurgique du cobalt par extraction par solvant utilise Cyanex 272.

L'extraction du cobalt peut être basée sur des oxydations et hydrolyses sélectives successives à partir de solutions cobaltifères relativement impures. Le cobalt en solution est séparé du nickel par l'hypochlorite de sodium pour produire l'hydroxyde cobaltique $Co(OH)_3$ insoluble.

Ce précipité est calciné pour obtenir un oxyde cobalteux CoO qui sera fondu et coulé en anode soluble ($Co > 95\%$, $Ni < 0,45\%$, $Cu < 0,05\%$ et $Zn < 1\%$) pour ensuite produire un cobalt électro-raffiné.

Lors de la séparation du nickel et du cobalt en utilisant DEPHA, une stabilisation du pH est nécessaire comme pour toutes les extractions pour solvant pour se maintenir dans la gamme opérationnelle efficiente.

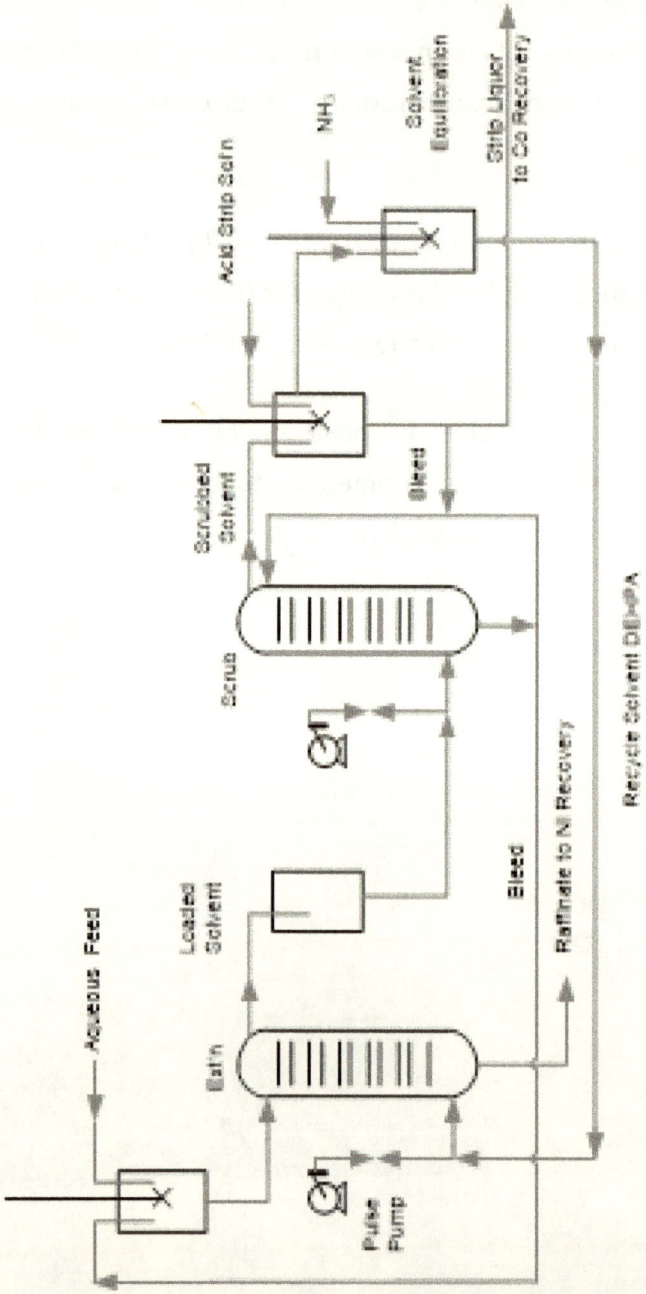

Figure 31 – Séparation du cobalt et du nickel au BPC avec DEHPA.

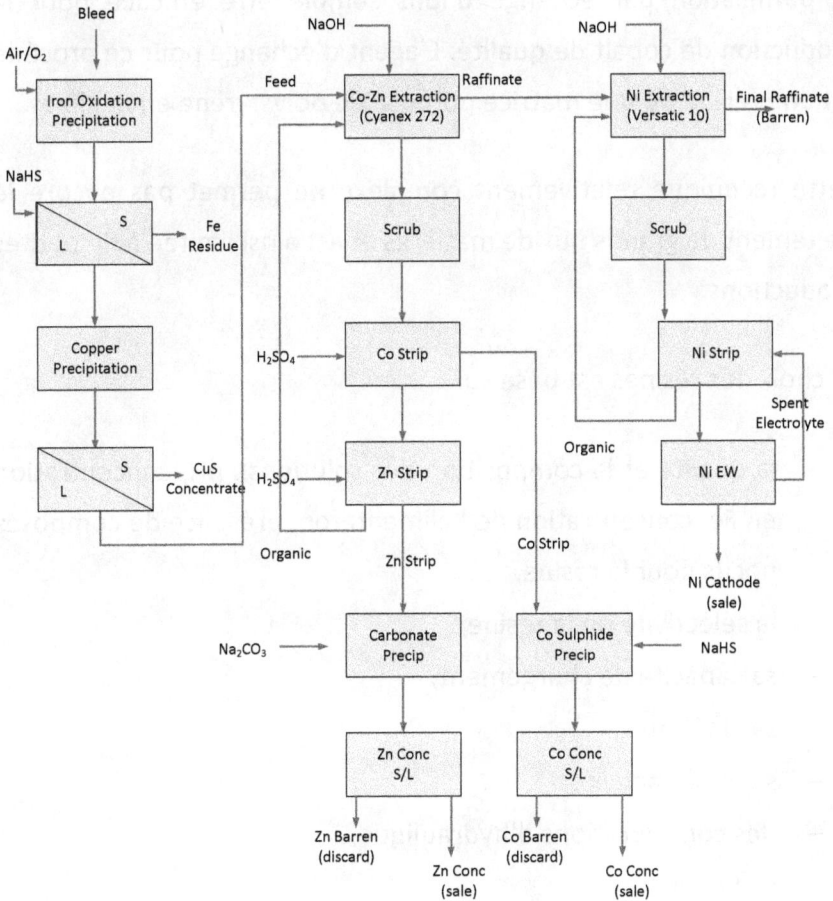

Figure 32 – Séparation Cobalt/Nickel avec cyanex 272 et versatic 10.

6.8   *Purification par échange d'ions (IX)*

6.8.1   Description

La purification par échange d'ions semble être efficace pour la production de cobalt de qualité. L'agent d'échange pour ce procédé est une résine ou une matrice poreuse de polystyrène en lits fixes.

Cette technique relativement complexe ne permet pas encore le traitement de grands flux de matières et est ainsi limitée à de petites productions.

Le choix des résines est basé sur :

- la qualité et la composition des solutions : pH, concentration en Fe, concentration de l'alimentaton, présence de composés nocifs pour la résine,
- la sélectivité de la résine,
- sa capacité de chargement,
- sa cinétique,
- sa durée activité,
- des considérations d'hydraulique,
- son coût.

Il existe deux résines qui ont la préférence des utilisateurs :

- Purolite S950 pour l'extraction du cuivre.
- Dowx FS4195 pour l'extraction du nickel et du cuivre.

Dowx FS4195 a une sélectivité préférentielle pour le nickel par rapport au cobalt en milieux sulfatés.

Pour la Purolite 950, la priorité d'extraction répond à :

$$H^+ > Fe^{3+} > Cu^{2+} > Zn^{2+}/Al^{3+} > Mg^{2+} > Ca^{2+} > Ni^{2+} > Co^{2+} > Na^+$$

La séparation du cobalt par rapport au nickel peut se faire par échange d'anions par la formation préférentielle de ClO_4^{2-}.

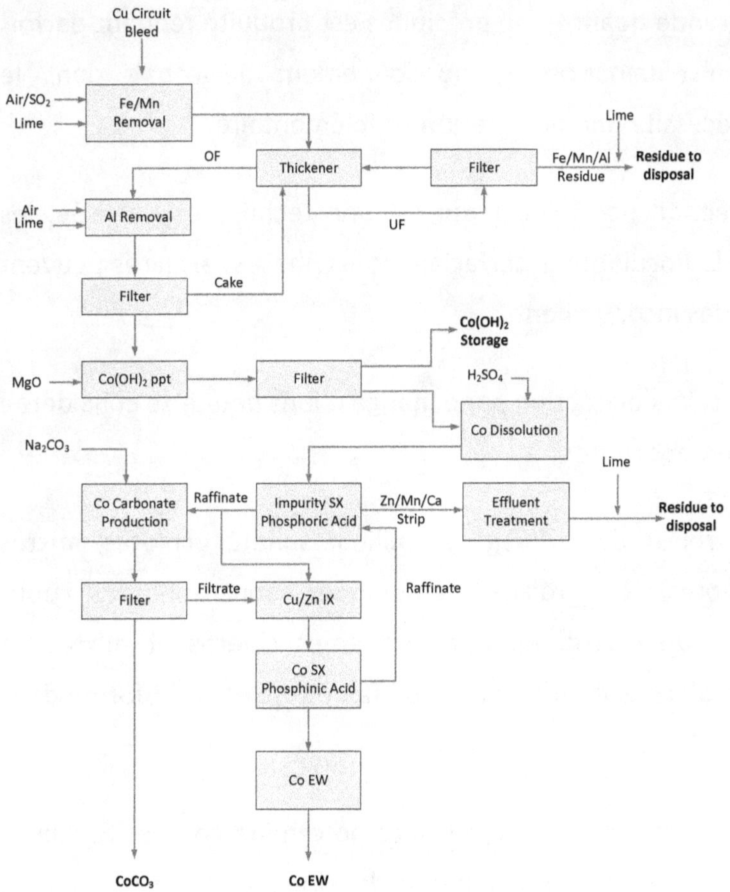

Figure 33 – Extraction du cobalt à partir d'un minerai mixte Cu/Co.

6.8.2 Elimination poussée du cuivre d'une solution de sulfate de cobalt par IX[49]

Il existe plusieurs méthodes de purifications des solutions en électrolyse du cobalt afin d'éviter de poluer le dépôt cathodique. Les procédés les plus utilisés sont notamment la précipitation des sulfures, l'extraction par solvant et l'échange d'ions.

La précipitation des sulfures a l'avantage d'être simple et rapide mais une grande quantité de précipités est produite rendant parfois difficile son élimination. L'emprisonnement de cobalt dans le précipité nécessite une purification supplémentaire.

Pour l'extraction par solvant qui est une technique maîtrisée, les émulsions, la floculation interfaciale et les phases ternaires peuvent constituer des inconvénients.

Comparé à cela, l'extraction par échange d'ions peut être considérée comme une opportunité.

Dans l'électrolyse de raffinage en milieux sulfatés, chlorés, mixtes sulfatés-chlorés, les résines anioniques sont utilisées pour l'élimination du cuivre. Pour les systèmes chlorés et mixtes, le mécanisme d'adsorption du cuivre se fait par $[CuCl_4]^{2-}$ formé dans la solution chlorée.

Des résines chélatantes du type silice-polyamine composite (silica-polyamine composite) SP-C ont été développées pour une bonne sélectivité du cuivre dans les milieux sulfatés.

Les solutions industrielles en électro-raffinage ont généralement les caractéristiques suivantes :

Co^{2+} : 50 g/l – Cu^{2+} : 0.5-2.0 g/l – pH :2-4

Caractéristiques de la résine	
Type de résine	SP-C
Humidité de résine	40-45% (fraction massique)
Taille des particules de résine	0.1 – 0.35 mm
Surface spécifique	50.1 m2/g
Dimension moyenne du pore	123.5 nm

Quantité de cuivre échangée

$$q_e = \frac{(C_0 - C_e).V}{m.(1-x)}$$

Avec :

q_e : Quantité de cuivre absorbée [mg/g]

C_0 : Concentration initiale de cuivre [mg/l]

C_e : Concentration de cuivre à l'équilibre [mg/l]

V : Volume de la solution [l]

m: Quantité de résine [g]

x : Humidité de la résine [%]

6.9 *Molecular Recognition Technology (MRT) – Technologie de reconnaissance moléculaire.*[9][20]

Cette technologie ressemblant à une purification par échange d'ions (IX) avancé est particulièrement sélective vis-à-vis du cobalt et a l'avantage d'extraire des métaux comme le cobalt dans des solutions diluées ou lorsque le métal recherché est en proportions moindre par rapport à d'autres à l'aide de ligands résineux (Superlig® – marque déposée).

Cette technologie a été particulièrement développée par IBC Advanced Technologies (par Reed M. Izatt, Jerald S. Bradshaw et James J. Christensen) et permet d'extraire le cobalt en premier lieu, popriété actuellement plus attrayante que celle conventionnelle consistant à procéder étape par étape pour atteindre finalement celle du cobalt tout en supposant des pertes tout au long du processus.

Le procédé MRT permet ainsi la purification poussée des effluents d'usines.

Le métal à extraire quitte une abondante phase diluée pour une phase sensiblement moins importante en volume mais plus concentrée.

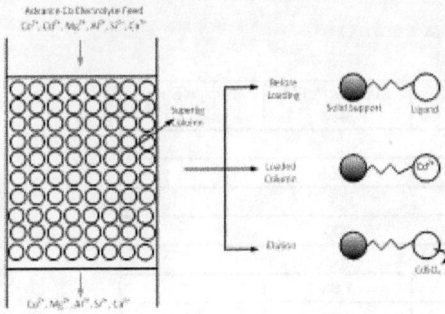

Figure 34 – Schéma de principe du décadmniage par MRT.

Tableau 11 – Comparaison des extractants en MRT.

		SuperLig®177 pH 2	SuperLig®177 pH 4	Purolite S950 pH 4
Composition de l'alimentation :				
Cd	g/l		0.006	
Co	g/l		55	
Débit des solutions	m³/h		200	
Charge de la résine :				
Cd	g/l	1.04	1.85	0.1
Co	g/l	0.3	0.8	54
Temps de résidence	hours	0.5	0.5	1.2
Durée de l'élution	hours	1	1	10
Nombre de colonne		2	2	2
Volume de résine par colonne	m³	101	101	367
Volume de résine total	m³	202	202	733
Diamètre des colonnes	m	4	4	5.5
Hauteur du lit de résine	m	8	8	11
Hauteur de la colonne	m	9.6	9.6	13
Perte en Co (Elution)		0.03%	0.05%	11%

Le MRT est notamment utilisable en purification dans l'hydrométallurgie du cobalt en milieu sulfuré ou nitreux pour l'extraction des métaux tels que :

- Le cobalt ;
- Le nickel ;
- Le cuivre ;
- Le zinc ;
- Le cadmium ;
- Le plomb ;
- Le fer.

6.10 Traitement d'une source sulfurée de cobalt – Procédé ASX (extraction par solvant ammoniacal)

QNY Pty, Yabulu – Queensland – Australia

Etape 1 : Lixiviation des sulfures de cobalt et clarification

La pulpe de sulfures de cobalt (pulpe à 10% de solides) subit une première étape de lixiviation atmosphérique à 80°C pendant 24 heures pour obtenir une dissolution de 90% de cobalt contenu.

La pulpe issue de cette lixiviation atmosphériqe subit une lixiviation sous-pression de 2 heures en autoclave à 110°C avec admission d'oxygène. On obtient un rendement de lixiviation de cobalt de 99% à la suite de ces deux étapes et une pulpe à pH<2 que l'on laisse décanter. La phase solide de cette étape qui est essentiellement constituée de soufre élémentaire est filtrée. La phase liquide quant à elle est filtrée avant de subir une oxydation de Fe^{2+} en Fe^{3+} par le peroxyde d'hydrogène H_2O_2 et un refroidissement vers 60°C.

Etape 2 : Dézingage et déferrage par extraction par solvant

Cette étape reçoit environ $6\ m^3/H$ d'un flux composé de sulfate de cobalt de l'étape précédente contenant 50 g/l *Co*, 2.5 g/l *Ni*, 5 g/l *Zn* et 0.1 g/l *Fe* destiné à une extraction par solvant par cyanex 272 dans un diluant aliphatique.

Zn et *Fe* sont extraits à des pH variant de 2.5 à 3.5 contrôlés par appoints d'ammoniaque NH_4OH. La teneur en zinc dans le raffinat est <0.001 g/l.

Ces deux éléments sont extraits de la phase organique à l'aide d'ajout d'acide dilué et on obtient ainsi une liqueur de zinc à plus de 30g/l.

Etape 3 : transfert du cobalt vers un complexe aminé par extraction par solvant.

Cette étape permet de créer un complexe aminé de cobalt l'écartant des sulfates et autres anions tels que les chlorures. Cette opération se fait par extraction par solvant en utilisant du D2EHPA (acide di-2-éthyle hexyl phosphorique) comme extractant et dans un diluant aliphatique contenant 10% d'isotridécanol. Le stripping de la phase organique s'effectue à l'aide de carbonate d'amonium $(NH_4)_2CO_3$ pour former le complexe aminé de cobalt et le raffinat ne contient que moins de 0.1 g/l de Co qui sera récupéré par précipitation au NH_4HS (hydro-sulfure d'ammonium).

La solution riche titrant 75 g/l de cobalt et 3g/l de nickel subira une oxydation à l'air et au peroxyde d'hydrogène si nécessaire pour oxyder tous les ions cobalt à l'étage III.

Etape 4 : Extraction par solvant du nickel

La solution riche en cobalt passe par une colonne de charbon actif afin d'éliminer les matières organiques résiduaires. Une distillation partielle afin d'éliminer l'amoniac non complexé est effectuée par la suite afin de ne pas nuire à l'extraction par solvant du nickel

Etape 5 : Extraction du calcium et du magnésium par échange d'ions (IX).

Etape 6 : Précipitation du cobalt.

L'amine de cobalt est soumise à une lixiviation en autoclave à chaud et la pulpe oxyde/hydroxyde de cobalt issue de la lixiviation est décantée pour en recueillir une souverse qui sera filtrée, séchée et emballée. Le cobalt produit est un mélange de $CoOOH$, Co_3O_4 et $CoCO_3$. Ce produit peut servir à la fabrication de sulfate, de chlorure, de nitrate, d'hydroxyde, d'acétate ou d'oxyde de cobalt.

Tableau 12 – Composition du précipité cobaltifère de QNY.

Elément	% W/W poids sec
Al	≤ 0.002
Bi	< 0.001
C	≤ 0.25
Ca	≤ 0.006
Cd	≤ 0.001
Co	64.5-67
Cr	≤ 0.002
Cu	≤ 0.001
Fe	≤ 0.002
K	< 0.001
Mg	≤ 0.005
Mn	≤ 0.002
N	≤ 1.25
Na	≤ 0.005
Ni	≤ 0.006
P	< 0.002
Pb	≤ 0.001
S	≤ 0.02
Si	≤ 0.03
Zn	≤ 0.002

Etape 7 : Séchage et emballage.

Etape 8 : Sulfuration du zinc et du fer.

La solution riche en zinc et en fer extraits à l'étape 2 est mise en contact avec de l'hydrogéno-sulfure d'ammonium NH_4HS dans un réacteur agité afin de les précipiter à l'état de sulfures. Le précipité filtré et lavé titrant environ 65% en zinc est vendu.

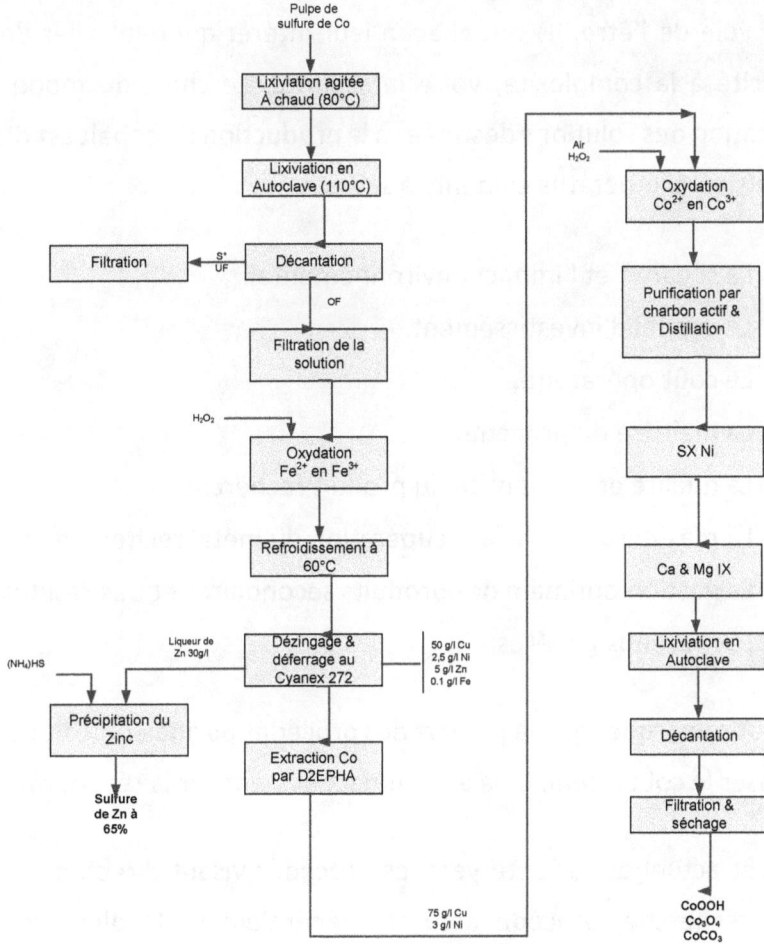

```
                        Pulpe de
                      sulfure de Co
                            │
                            ▼
                  ┌───────────────────┐
                  │  Lixiviation agitée│
                  │  À chaud (80°C)   │
                  └───────────────────┘
                            │                                        Air
                            ▼                                        H₂O₂
                  ┌───────────────────┐                               │
                  │  Lixiviation en   │                               ▼
                  │  Autoclave (110°C)│                     ┌───────────────────┐
                  └───────────────────┘                     │  Oxydation        │
                            │                                │  Co²⁺ en Co³⁺     │
                            ▼                                └───────────────────┘
  ┌────────────┐   S⁰   ┌───────────────────┐                        │
  │ Filtration │◄──UF───│   Décantation     │                        ▼
  └────────────┘        └───────────────────┘              ┌───────────────────┐
                            │ OF                            │  Purification par │
                            ▼                               │  charbon actif &  │
                  ┌───────────────────┐                     │  Distillation     │
                  │  Filtration de la │                     └───────────────────┘
                  │  solution         │                              │
                  └───────────────────┘                              ▼
          H₂O₂            │                               ┌───────────────────┐
            │             ▼                               │      SX Ni        │
            └───►┌───────────────────┐                    └───────────────────┘
                 │   Oxydation       │                             │
                 │   Fe²⁺ en Fe³⁺    │                             ▼
                 └───────────────────┘                   ┌───────────────────┐
                            │                            │    Ca & Mg IX     │
                            ▼                            └───────────────────┘
                  ┌───────────────────┐                            │
                  │  Refroidissement à│                            ▼
                  │  60°C             │                  ┌───────────────────┐
                  └───────────────────┘                  │  Lixiviation en   │
   Liqueur de          │                                 │  Autoclave        │
   Zn 30g/l            ▼              50 g/l Cu          └───────────────────┘
          ┌───────────────────┐      2,5 g/l Ni                  │
 (NH₄)HS  │  Dézingage &      │      5 g/l Zn                    ▼
    │     │  déferrage au     │      0.1 g/l Fe        ┌───────────────────┐
    ▼     │  Cyanex 272       │                        │    Décantation    │
 ┌────────────┐└───────────────────┐                   └───────────────────┘
 │ Précipitation│       │                                        │
 │ du Zinc    │         ▼                                        ▼
 └────────────┘ ┌───────────────────┐                  ┌───────────────────┐
    │           │  Extraction Co    │                  │  Filtration &     │
    ▼           │  par D2EPHA       │                  │  séchage          │
 Sulfure        └───────────────────┘                  └───────────────────┘
 de Zn à                                                         │
 65%                        75 g/l Cu                            ▼
                            3 g/l Ni                          CoOOH
                                                             Co₃O₄
                                                             CoCO₃
```

Figure 35 – Flow-sheet QNY – ASX.

7. Choix du mode de purification

Les procédés sont nombreux et variés, la plupart étant en application ou en voie de l'être. Ils ont chacun leur intérêt qui peut aller de la simplicité à la complexité, voire la sécurité. Le choix du mode de purification des solutions destinées à la production du cobalt est dicté par plusieurs impératifs évidents à savoir :

- La sécurité et l'impact environnemental.
- Le capital d'investissement.
- Le coût opératoire.
- La maîtrise du procédé.
- La qualité et la quantité du produit recherché.
- La maximisation de la récupération du métal recherché.
- La gestion optimale des produits secondaires et des résidus.
- Les revenus générés.

On peut remarquer que la plupart des procédés purifiaient le flux afin de laisser le cobalt seul. Cela a un impact évident sur la récupération.

L'intérêt actuel est orienté vers les procédés visant directement le métal recherché, procédé assurant généralement la plus grande récupération et un métal plus pur.

Un procédé peu sûr au point de vue sécurité sera abandonné au profit d'un plus coûteux mais plus sûr.

Un impact environnemental moindre sera recherché vis-à-vis de la population, à la flore, à la faune mais cela peut-être étendu à plusieurs aspects.

Le choix du procédé ne doit pas grever le projet. Un procédé peut être performant mais inapplicable quant à son coût opératoire ou l'investissement nécessaire. Il doit aussi tenir compte de son environnement au point de vue des approvisonnements potentiels.

La configuration d'un circuit aura comme intérêt évident la réduction du coût opératoire par la réduction de la quantité de réactifs à utiliser notamment.

La maîtrise du procédé choisi doit être éprouvée ou aisément appréhendable par les utilisateurs.

Le procédé doit être adapté à la qualité, au fini, à la présentation du produit recherché. Un procédé donné produira un métal d'une pureté ou d'une forme donnée. Un procédé peut être recherché pour la qualité de ses rejets.

En plus des éléments cités précédemment, un procédé ne sera intéressant que s'il génère des revenus en plus des autres intérêts souhaités.

8. Coût du procédé

Bien que le cobalt soit pour la plupart du temps, un sous–produit d'autre métallurgie, sa valeur impose sa récuperation.

D'après des comparaisons de coûts de construction des projets récents, bien que la plupart des unités de production de cobalt sont associées à d'autres unités d'extraction, une estimation de l'investissement pour une usine à cobalt peu être faite telle que le montre le Tableau 13.

Tableau 13 – Coût d'investisssement en tonne annuelle pour la construction d'une section de production de cobalt.

Section	Valeur de l'investissement ($/tpa)		Commentaires
	≈ 2 000	≈ 6 000	
Precipitation d'impuretés et de cobalt	6 500	4 250	Comprenant les utilitaires de préparartion de processeurs calcaire, chaux et magnesié
Re-lixiviation	6 000	4 000	
SX	4 000	2 300	Ne prenant pas en compte le premier approvisionnement en réactifs
IX et traitement des effluents	10 000	6 500	2 étages IX ne prenant pas en compte le premier approvisionnement en réactifs
EW et gestion des cathodes	14 000	7 500	Pour des cellules compartimentées - sinon accroissement de 20%.

Le premier approvisionnement en SX et IX dépend essentiellement de la dimension, du procédé et du type d'extractant. Cela peut avoir un impact allant de 0,5 à 6 millions de dollars.

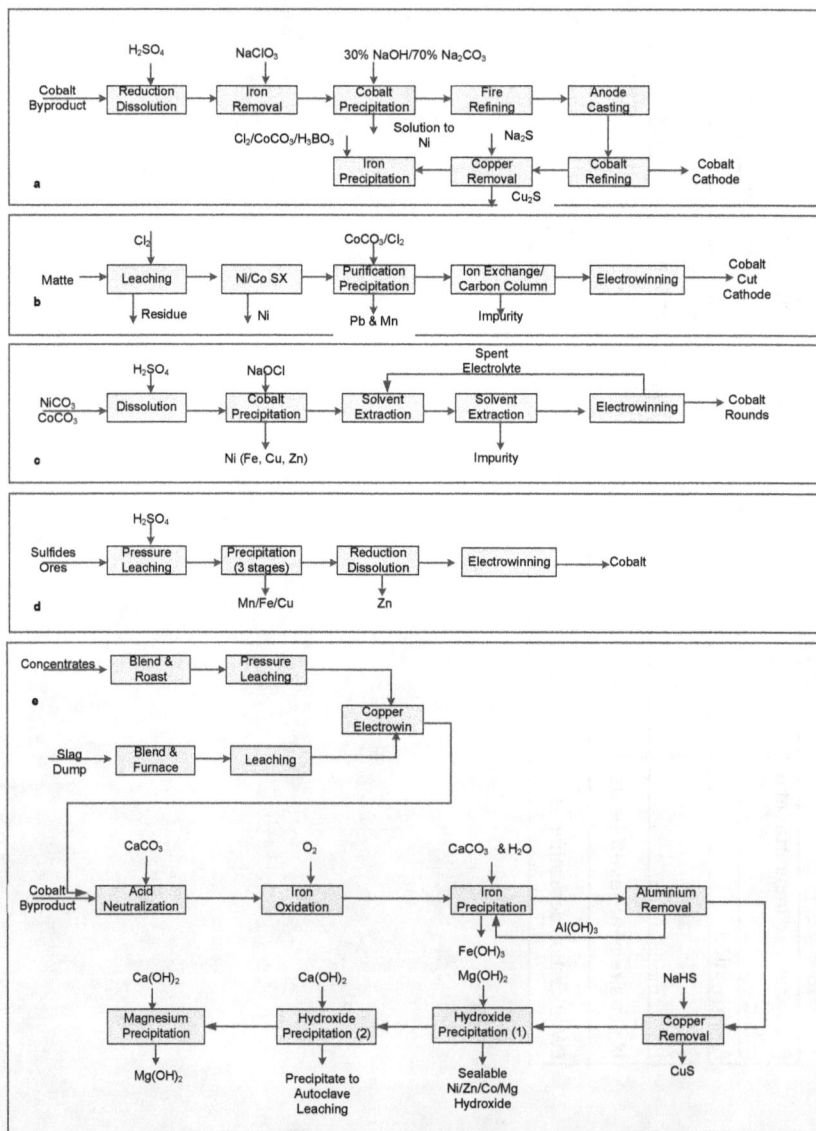

Figure 36 – Procédés de traitements des saignées de solutions cobaltifères.

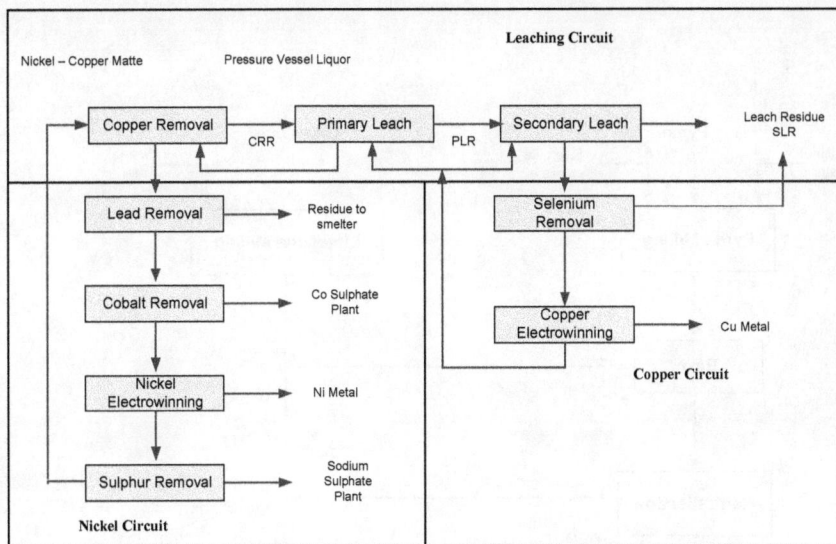

Figure 37 – Flow-sheet simplifié de Anglo Platinum's Base Metal Refinery.

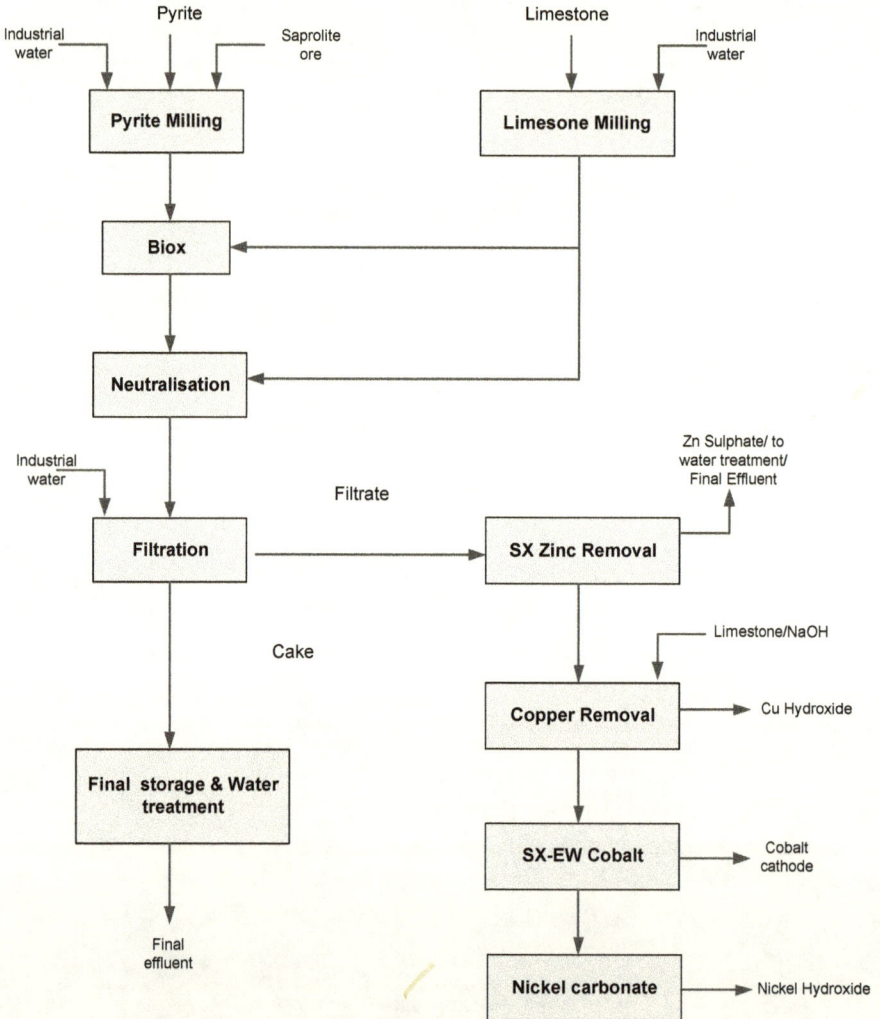

Figure 38 – Flow-sheet de production de cobalt à Kasese - Hawkins, 1998.

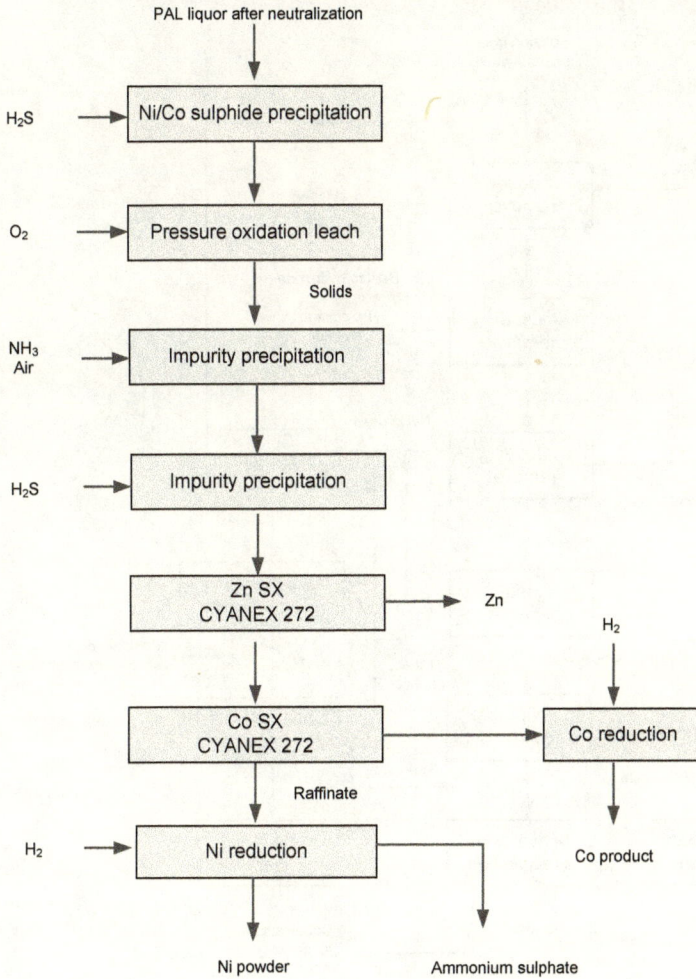

Figure 39 – Flow-sheet de purification de Murrin Murrin.

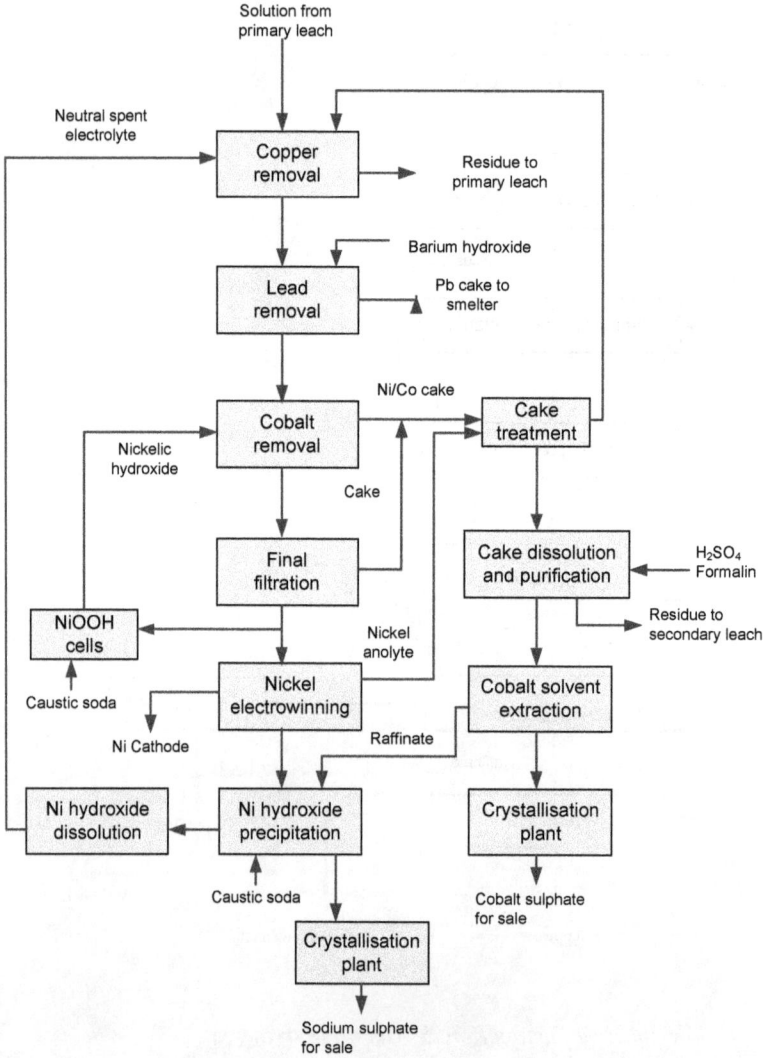

Figure 40 – Flow-sheet du circuit nickel/cobalt à Rustenburg Base Metal Refinery.

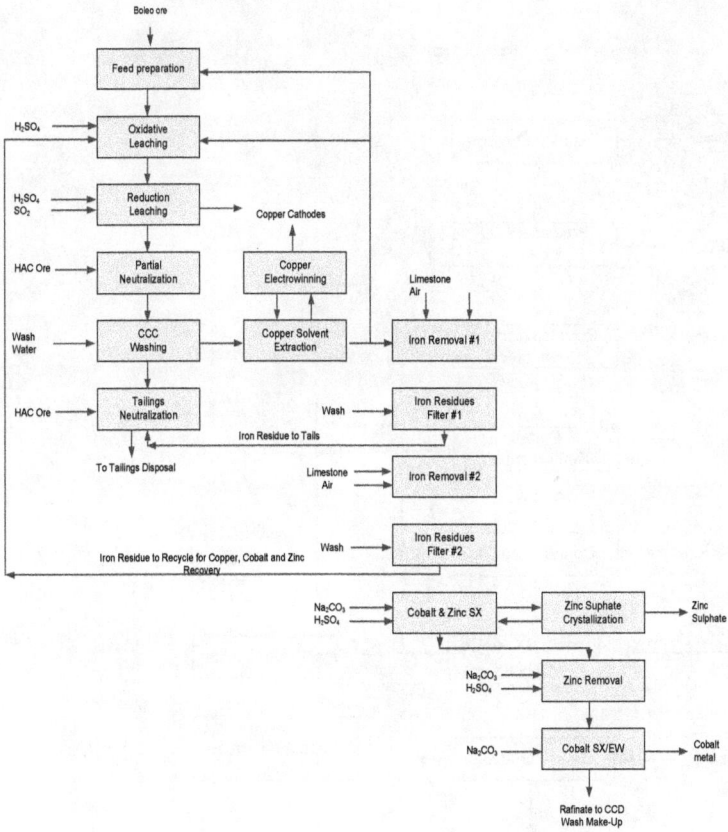

Figure 41 – Flow-sheet du procédé de traitement à Boléo.

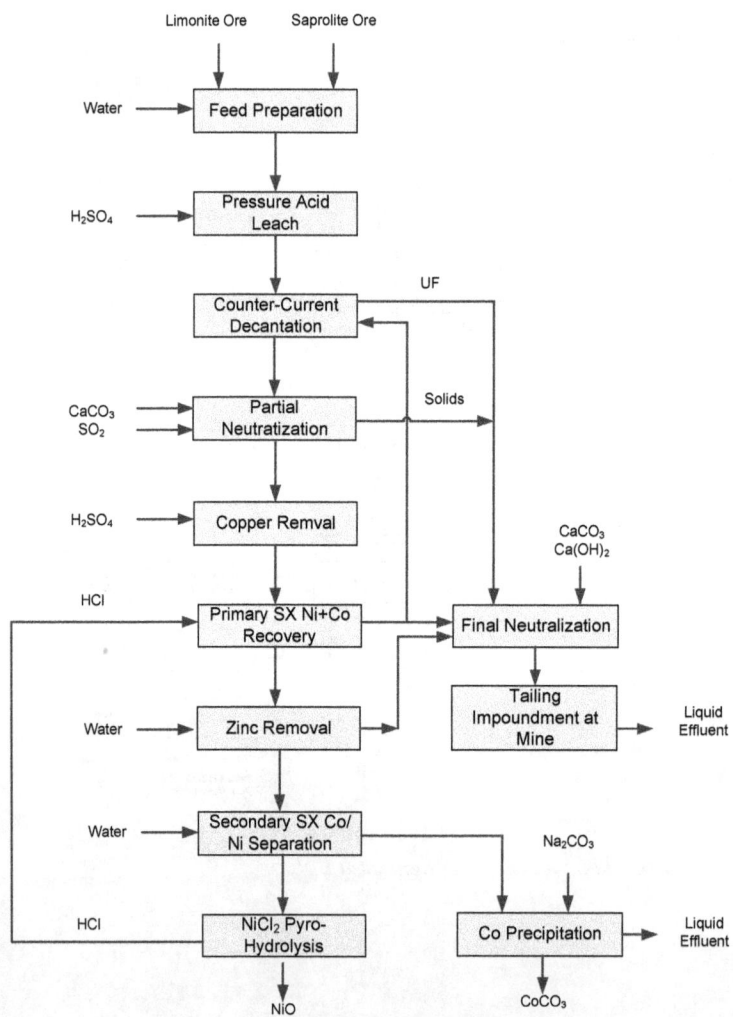

Figure 42 – High Pressure Leaching – Goro Laterites, Nouvelle Calédonie.

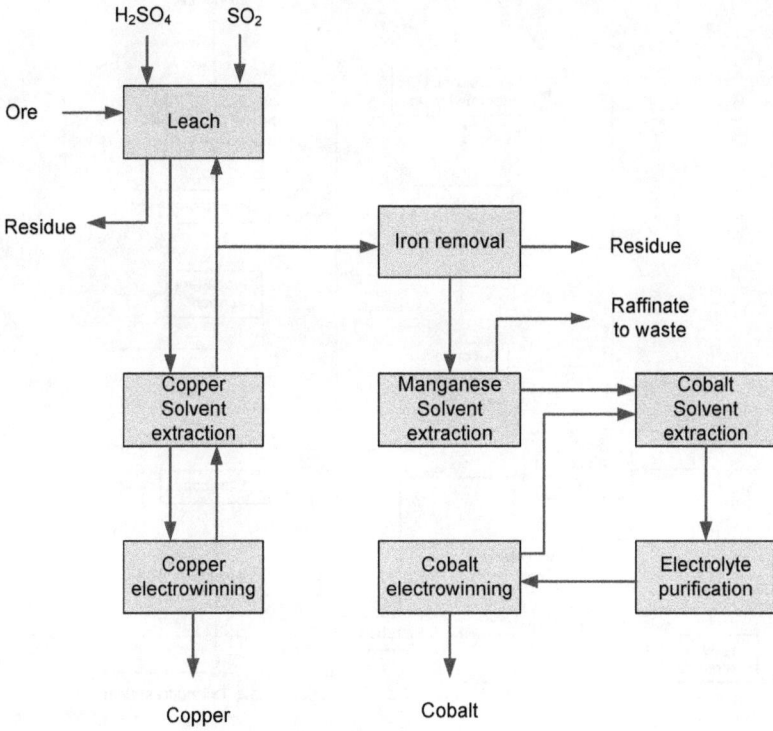

Figure 43 – Flow-sheet Kakanda (Katanga-RDC).

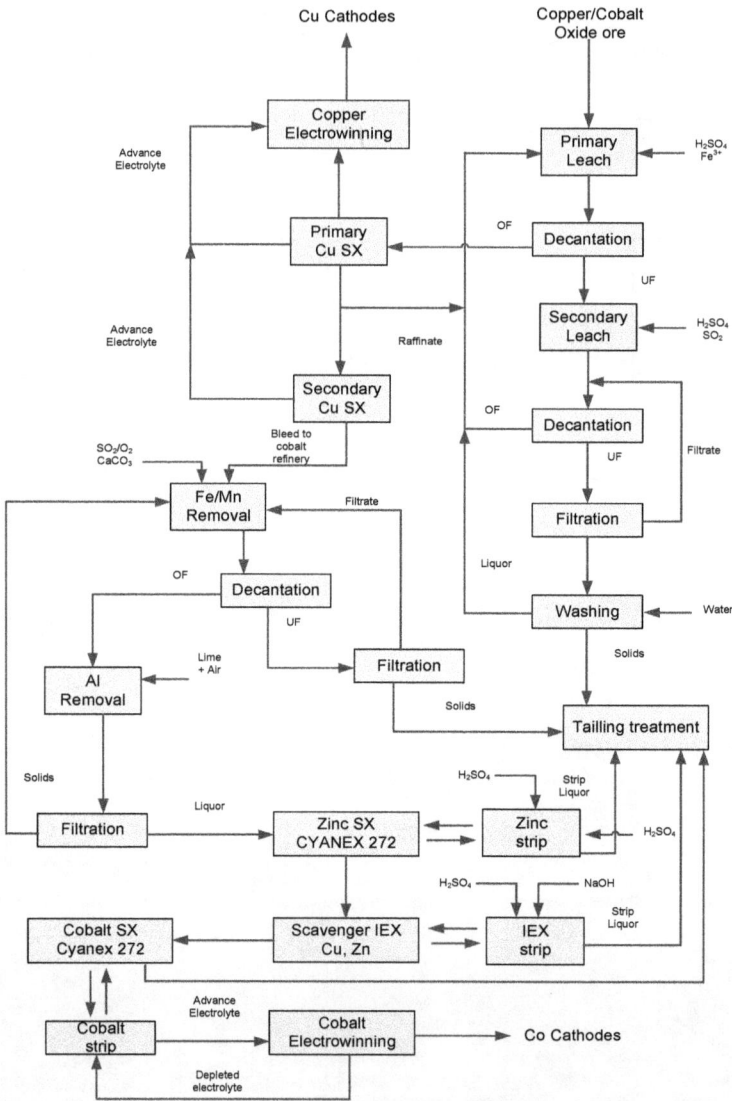

Figure 44 – Traitement d'une solution cuivre-cobalt.

164

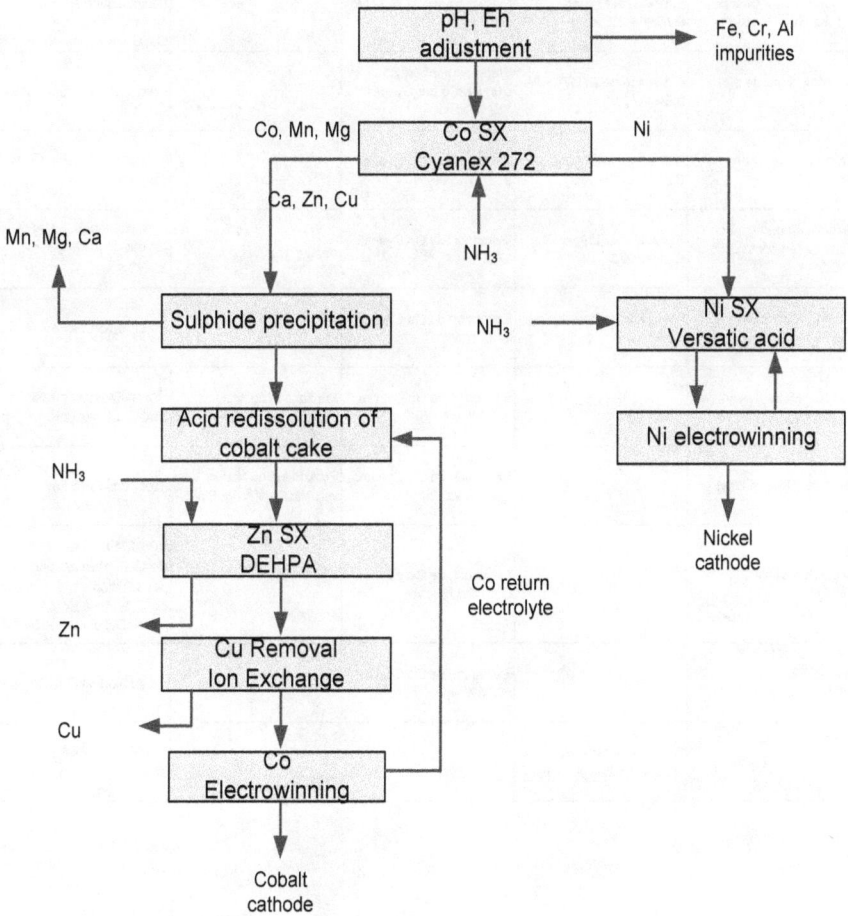

Figure 45 – Flow-sheet de purification Bulong Nickel/Cobalt.

Tableau 14 – Application du SX en Afrique.

Entreprise	Zinc SX	Cobalt SX	Nickel SX	Précipitation
Kasese Cobalt Company Ltd (KCCL), Ouganda	SX de Zn et Mn par D2EHPA 2% vol.	Extraction de Co, Ni et Mg par Cyanex 272		Précipitation de Fe par neutralisation en deux étages. Précipitation de Cu, Co et Ni par NaOH.
Chambishi Metals Plc, Zambie	Extraction de Zn D2EHPA 2,5% vol.	Etude pour introduction d'un SX Co par Cyanex 272 30% vol.		Précipitation du Cu et Fe.
Knightsbridge Cobalt (RSA)	Extraction de Zn et Mn par D2EHPA 20% vol.	Extraction de Co Cyanex 272 15% vol.		Précipitation de Fe, Cu et Co par $CaCO_3$
Kolwezi Kingamiambo Taillings (en construction) (RDC)	Extraction de Zn par Cyanex 272.	Extraction de Co Cyanex 272.		Précipitation de Fe, Al et Mn par un mélange air/SO_2
Kakanda (Bossmining) (RDC)	Extraction de Zn et Mn par D2EHPA.	Extraction de Co Cyanex 272.		Précipitation de Fe.
Tati Nickel (Botswana) (en construction)		Extraction de Co Cyanex 272 5% vol.	Purification du Ni par versatic 20% vol. + EW	Précipitation de Fe par $CaCO_3$ et EW (futur)
Nkomati (RSA) (Pilote)		Extraction de Co Cyanex 272 7% vol.	Purification du Ni par versatic 30% vol. + EW	Précipitation de Fe.
Anglo Platinum RBRM (RSA)		Extraction de Co par D2EHPA15% vol.		Precipitation Pb par $Ba(OH)_2$ suivi par une precipitation d'hydroxide de de Ni. Elimination de Fe par NaOH et Cu par BaS.
Hartley Platinum (Zimbabwe)		Extraction de Co Cyanex 272 3% vol.		Production de $CoCO_3$
Scorpion Zinc (Namibie)	SX de Zn et Mn par D2EHPA 40% vol.			Précipitation de Fe, Al et silice

166

9. Bibliographie

[1]-Breckpot R., Sur le mécanisme de la séparation hydrométallurgique du nickel et du cobalt par réduction dépolarisée, Compte rendu du XXXIème Congrès de Chimie Industrielle, Liège, Sept. 1958, Industrie Chimique Belge, N° Spécial, Vol. I, pp. 697-703.

[2]-Brierley C.L., Mining Biotechnology: Research to commercial development and beyond. Rawlings, D.E. (ed.), Biomining: Theory, Microbes and Industrial Processes. Springer, Berlin, 1997. pp. 3–16.

[3]-Cobalt Development Institute, Cobalt News, January 2011.

[4]-P.M. Cole, Solvent extraction technology transforms base-metal hydrometallurgy, Mintek 75 Conference, June 2009.

[5]-P.M. Cole et al., Solvent extraction developments in Southern Africa, Tsinghua Science and technology, ISSN 1007-0214 02/18, Vol. 11, N° 2, April 2006, pp. 153-156.

[6]-Franck K. Crundwell, Extractive Metallurgy of Nickel, Cobalt and Platinum-Group Metals, Elsevier, 2011.

[7]-Franck K. Crundwell, Notes personnelles.

[8]-Cytec, notes.

[9]-J. van Deventer et al., Cadmium removal from cobalt electrolyte, The Fourth Southern African Conference on Base Metals, The Southern African Institute of Mining and Metallurgy, pp. 377-392.

[10]- D. Dew et al, Bioleaching of base metal sulphide concentrates: A comparison of high and low temperature bioleaching, The Journal of The South African Institute of Mining and Metallurgy, November/December 2000.

[11]- Dreisinger D. & al., 2006, Alta Boleo.

[12]- A. E. Elsherief, Effects of cobalt, temperature and certain impurities upon cobalt electrowinning from sulphate solutions, Journal of Applied Electrochemistry N°33, 2003, pp. 43-49.

[13]- C. Joe Ferron, Sulfur Dioxide: A versatile Reagent for the Processing of Cobaltic Oxide Minerals, JOM, 60(10) (2008), pp.50-54.

[14]- K.G. Fisher et al., Design considerations for the cobalt recovery circuit of the KOL (KOV) copper/cobalt refinery, Presentation at Alta 2008 Nickel/Cobalt conference, Perth, Australia, June 2008, Personal documents.

[15]- K.G. Fisher et al., The Kasese cobalt project, Extraction Metallurgy Africa '98, The Southern African Institute of Mining and Metallurgy, 1998

[16]- Flett S. Douglas, Cobalt-Nickel Separation in hydrometallurgy: a Review, Second International Conference - Metallurgy of Nonferrous and Rare Metals, Krasnoyarsk, 2003.

[17]- Paul Freeman, notes personnelles.

[18]- Gécamines, Direction Commerciale, Utilisations et marchés des métaux produits par la Gécamines, Réf. 25447/DCO, 1976.

[19]- R.C. Hubli et al., Reduction-dissolution of cobalt oxide in acid media: a kinetic study, Hydrometallurgy 44 (1997), pp.125-114.

[20]- S.R. Izatt et al., A review of the application of molecular recognition technology (MRT) for Ni/Cu/Co hydrometallurgical process separations and for the purification of cobalt streams.

[21]- D. Krebs et al., The Mount Thirsty Process, Note.

[22]- I. Mihaylov, Solvent extractants for nickel and cobalt: New opportunities in aqueous processing, JOM, July 2003, pp.38-42.

[23]- Mulaba-Bafundiandi et al., Microwave-assisted SO_2 flushed acid leaching of mixed cobalt-copper oxidised ores, The Southern African Institute of Mining and Metallurgy, The Fourth Southern Conference on Base Metals 2007 – 'Africa Base Metals Resurgence', pp.9-26.

[24]- N. Mulaudzi et al., Oxidative precipitation of Mn(II) from cobalt leach solutions using dilute SO_2/air mixture, Hydrometallurgy Conference 2009, The Southern African Institute of Mining and Metallurgy, 2009.

[25]- Mwema M.D. et al., Use of sulphur dioxide as reducing agent in cobalt leaching at Shituru hydrometallurgical plant, The Journal of The South African Institute of Mining and Metallurgy, January/February 2002, pp.1-4.

[26]- National lime association of USA - report.

[27]- A. Nisbett et al., Flowsheet considerations for copper-cobalt projects, The Southern African Institue of Mining and Metallurgy Base Metals Conference 2009, pp. 139-152.

[28]- Pinar Burcu Kayin, Removal of cobalt from zinc sulphate solution by cementation prior to zinc electrowinning, PhD Thesis.

[29]- Prasad M. S., Production of copper and cobalt at Gecamines-Zaïre, Minerals Engineering, Vol. 2, N°4, 1989, pp. 521-541.

[30]- Navoday Ravikanti, notes personnelles.

[31]- M. Riekkola-Vanhanen, Talvivaara Sotkamo Mine – Bioleching of polymetallic nickel ore in subartic climate, Nova Biotechnologica 10-1 (2010).

[32]- Ritcey Gordon M., Solvent extraction – Principles and applications to process metallurgy (Vol. 1 &2), G. M. Ritcey & Associates Incorporated, 2006

[33]- L. M. Roux et al., Comparison of solvent extraction and selective precipitation for the purification of cobalt electrolytes at the Luilu refinery, DRC, The Southern African Institute of Mining and Metallurgy, The Fourth Southern African Conference on Base Metals, 2007, pp. 343-364.

[34]- R. Rumbu, Métallurgie extractive des non-ferreux– Pratiques industrielles, New Voices Publishing, Cape Town, RSA, 2010.

[35]- S. Sakultung et al., Simultaneous recovery of valuable metals from spent mobil phone battery by acid leaching process, Korean J. Chem. Eng., 24(2), 2007, pp. 272-277.

[36]- Steven Rymer, notes personnelles.

[37]- Sheng Yong-Feng et al., recovery of Co (II) and Ni (II) from hydrochloric acid solution of alloy scrap, Transactions of Nonferrous Metals Society of China 18 (2008), pp. 1262 – 1268.

[38]- Sheng Yong-Feng et al., recovery of Mn2+, Co2+ and Ni2+ from manganese nodules by redox leaching and solvent extraction, Transactions of Nonferrous Metals Society of China 17 (2007), pp. 1105 – 1111.

[39]- Sheng Yong-Feng et al., recovery of nickel and cobalt from cobalt-enriched Ni-Cu matte by two-stage counter-current

leaching, Separation and Purification Technology 60 (2008), pp. 113-119.

[40]- Sheng Yong-Feng, notes personnelles.

[41]- K. Twite et al., Industrial in-pulp Co-Ni alloy electrowinning at the Gecamines Shituru plant, JOM, December 1997, pp. 46-49.

[42]- Uryga et al., Bioleaching of cobalt from mineral products, Physicochemical Problems of Mineral Processing, 38 (2004), pp. 291-299

[43]- Department of The Army, U.S. Army Corps of Engineers, Engineering and Design – Precipitation-Coagulation-Flocculation, Washington D.C., Novembre 2001.

[44]- Van den Steen et al., Development of cobalt sulphate solution purification by sulfides precipitation, Extractive Metallurgy of Nickel and Cobalt, The Metallurgical Society, 1988, pp. 493-504.

[45]- Wang Shijie, Cobalt – Its Recovery, Recycling and application, JOM, 58(10) (2006), pp.47-50.

[46]- G.J. van Tonder et al, Cobalt and nickel removal from Zincor impure electrolyte by Molecular Recognition Technology (MRT) - pilot plant demonstration

[47]- Wen Jun-jie et al., Deep removal of copper from cobalt sulfate electrolyte by ion-exchange, Transactions of Nonferrous Metals Society of China, 20 (2010) 1534-1540.

[48]- Boyd Willis, notes personnelles.

[49]- Roger Wintle, notes personnelles.

V.Production de sels de cobalt

1. <u>Introduction</u>

Certaines métallurgies se limitent ou nécessitent la production de sels intermédiaires. C'est le cas de la production d'hydroxyde - $Co(OH)_2$, de carbonate - $CoCO_3$, de sulfure - CoS, de sulfate - $CoSO_4$ à partir de solutions préalablement purifiées.

Ces sels peuvent à leur tour mener à la production de cobalt métallique ou à leur utilisation variée dans l'industrie chimique, l'industrie des peinture ou autres.

2. <u>Précipitation de l'hydroxyde de cobalt</u>

Le décuivrage préalable des solutions peut être fait à la chaux en circuit fermé (pH 5,5) et le précipité issu de cette opération peut atteindre des proportions prohibitives allant jusqu'à 10-15% de cobalt coprécipité.

L'hydroxyde de cobalt $Co(OH)_2$ est un produit intermédiaire obtenu suite à l'ajout de chaux $Ca(OH)_2$ après l'élimination des impuretés Fe, Mn, Al, Zn et Cu.

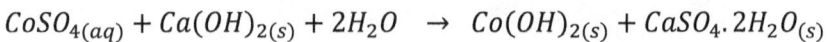

$$CoSO_{4(aq)} + Ca(OH)_{2(s)} + 2H_2O \rightarrow Co(OH)_{2(s)} + CaSO_4 \cdot 2H_2O_{(s)}$$

La précipitation du gypse pollue le précipité de cobalt limitant ainsi la teneur en cobalt entre 18 et 22% selon le pH ou la qualité de la précipitation.

Le graphique de la Figure 46 montre que la précipitation du cobalt s'amorce vers pH 4 pour connaître un maximum vers pH 10.

Le graphique de la Figure 47 montre que le début de la précipitation ainsi que la stabilité de l'hydroxyde précipité sont influencés par la température du milieu de précipitation.

Le précipité est filtré et séché avant emballage.

La calcination de $Co(OH)_2$ peut mener à la production de CoO bien que plusieurs oxydes peuvent co-exister tels que : $Co_2O_3, Co_3O_4, CoO_2, Co_8O_9, Co_6O_7$ et Co_4O_5.

A partir des oxydes, à chaud sous un courant d'hydrogène, on obtient le cobalt métallique.

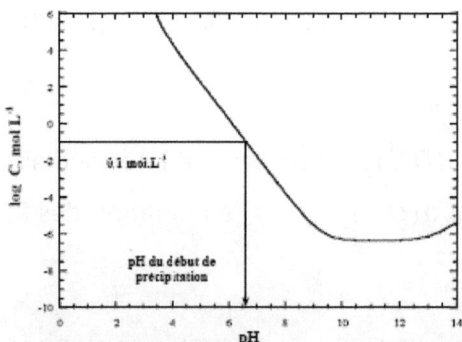

Figure 46 – Courbes de solubilité de Co(OH)₂ dans l'eau en fonction du pH.

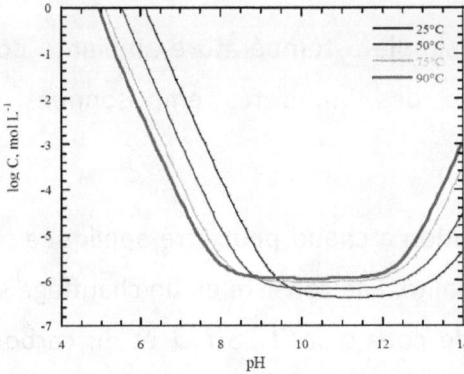

Figure 47 – Courbes de solubilité de Co(OH)₂ dans l'eau pure en fonction de la température.

3. Précipitation du carbonate de cobalt

La précipitation du carbonate de cobalt se fait sur une solution préalablement épurée et réchauffée à partir du chlorure – $CoCl_2.6H_2O$, du sulfate $CoSO_4.7H_2O$ ou du nitrate de cobalt $Co(NO_3)_2.6H_2O$.

$$Co^{2+} + Na_2CO_3 \quad \rightarrow \quad CoCO_3 + 2Na^{2+}$$

Le carbonate de cobalt (20% de cobalt) est très peu soluble dans l'eau, il peut être ainsi lavé pour être débarassé d'impuretés à l'état liquide.

On évite des précipitations massives et brusques afin de ne pas polluer les précipités, la plupart de ces précipités étant utilisés comme colorants à de très faibles doses.

La qualité du précipité dépend de la technique appliquée.

La précipitation la plus simple à température ambiante donne un produit pollué à cause des impuretés emprisonnées lors du processus.

La méthode de précipitation à chaud peut être appliquée pour des produits de meilleure qualité. Elle consiste en un chauffage séparé à la vapeur du chlorure de cobalt $CoCl_2.6H_2O$ et du carbonate de sodium Na_2CO_3 en de-ça de leur température d'ébullition. On procède ensuite à l'ajout de du chlorure de cobalt dans le carbonate de sodium tout en maintenant une légère agitation et une température toujours légèrement au dessous de la température d'ébulition.

Le mélange formé est laissé à décanter lentement.

Le carbonate de cobalt peut être calciné à 780-900°C pour donner l'oxyde cobalteux.

$$CoCO_3 \quad \xrightarrow{\Delta} \quad CoO + CO_2$$

Les impuretés accompagnant généralement le carbonate sont Na_2CO_3, *NaCl* mais elles se décomposent lors de la calcination en Na_2O et altèrent la qualité du sel.

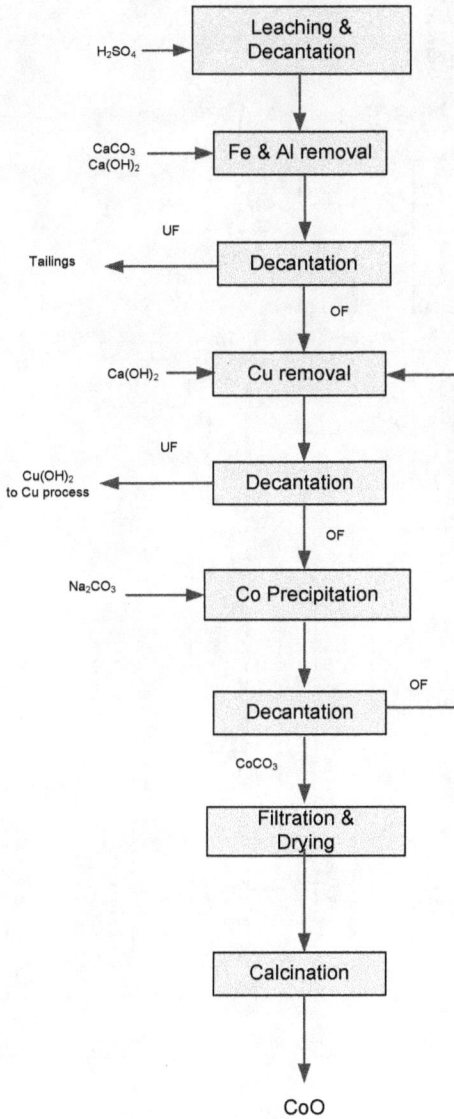

Figure 48 – Production de l'oxyde de cobalt.

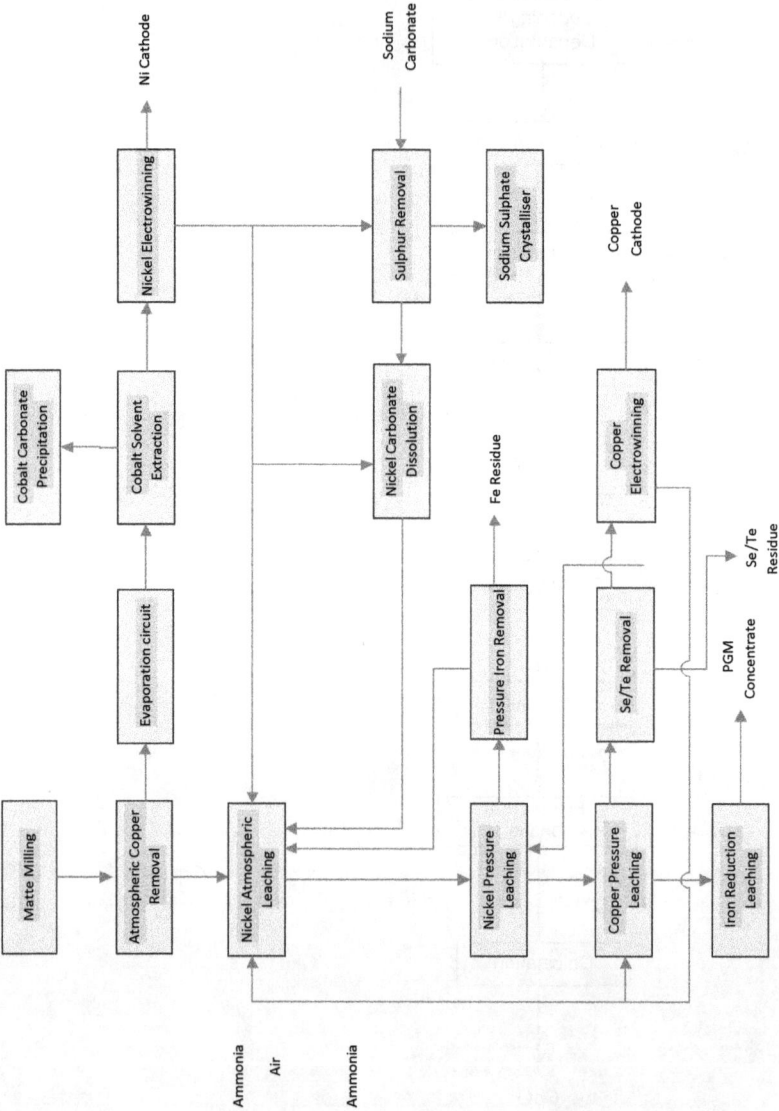

Figure 49 – Production de carbonate de cobalt à Hartley Platinum Base Metal Refinery.

4. <u>Précipitation du sulfure de cobalt</u>

Il existe de nombreux sulfures de cobalt tels que $Co_4S_3, CoS, Co_3S_4, Co_2S_3$ et CoS_2 mais le plus susceptible à exister est CoS qui existe à l'état naturel sous le nom de syepoorite.

La précipitation par sulfuration se fait sur une solution épurée comme dans les cas précédents. Les agents précipitants sont *NaHS* ou H_2S. La récupération du cobalt à un taux d'environ 85-90% pousse à une purification ultérieure par d'autres moyens pour récupérer le cobalt non précipité.

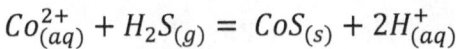

$$Co^{2+}_{(aq)} + H_2S_{(g)} = CoS_{(s)} + 2H^+_{(aq)}$$

La précipitation par H_2S nécessite la présence d'une unité de production de H_2 sur site. La sulfuration est processus comportant des risques pour la santé à cause de la toxicité de H_2S. Ces deux éléments font que l'utilisation de *NaHS* sera privilégiée.

5. <u>Cristallisation du sulfate de cobalt</u>

La cristallisation du sulfate de cobalt est une autre opération ayant pour but une concentration valorisable du cobalt. On utilise pour cela des évaporateurs associés à des cristalliseurs.

Les solutions à traiter bien que déferrées, décuivrées, dézinguées et dénickelées ont le grand inconvénient de se saturer en gypse et en d'autres impuretés résiduaires d'où la nécessité d'une étape de purification supplémentaire.

L'hydroxyde cobaltique peut être mis en solution pour être par la suite cristallisé.

L'attaque se fait à l'acide sulfurique en présence de formaldéhyde (formol) comme réducteur :

$$4\,Co(OH)_3 + HCHO + 4H_2SO_4 \quad \rightarrow \quad 4CoSO_4 + CO_2 + 11H_2O$$

Elimination du fer par oxydation :

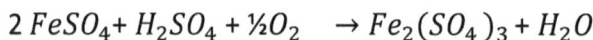

$$2\,FeSO_4 + H_2SO_4 + \tfrac{1}{2}O_2 \quad \rightarrow Fe_2(SO_4)_3 + H_2O$$

$$Fe_2(SO_4)_3 + 6NaOH \quad \rightarrow \quad 3Na_2SO_4 + 2Fe(OH)_3.$$

Elimination du cuivre par sulfuration au sulfure de baryum BaS :

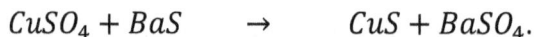

$$CuSO_4 + BaS \quad \rightarrow \quad CuS + BaSO_4.$$

Cristallisation du sulfate de cobalt.

La solution purifié de sulfate de cobalt est concentré par évaporation sous vide pour produire un sulfate de cobalt hepta-hydraté $CoSO_4 . 7H_2O$.

6. <u>Choix du procédé</u>

Le caractère toxique de la précipitation par H_2S, l'élimination de l'excès de ce dernier ainsi que l'étape supplémentaire de récupération de cobalt après sulfuration rendent ce procédé peu attrayant.

La complexité du processus d'évaporation-cristallisation ainsi que son coût énergétique couplés à une ultime étape de purification sont un handicap dans son choix.

Les rendements de récupérations sont proches pour les méthodes décrites ici.

Les éléments décrits précédemment expliquent pourquoi la précipitation de sels de cobalt par le lait de chaux ou le carbonate de sodium sont les plus couramment utilisées pour leur maîtrise, leurs aspects sécuritaires, leurs coûts d'exploitation et leur capital installé relativement faible. Il sera toutefois recommandé des précipitations en deux étapes pour lesquelles la première représentera la source du sel recherché tandis que la seconde sera destinée à un recyclage judicieux dans le procédé.

Comparaison des produits intermédiaires du cobalt

Suite à l'analyse des différents modes de production de sels de cobalt, les quatres productions à savoir celle de l'hydroxyde de cobalt, le sulfure de cobalt et le sulfate de cobalt ont été comparées dans le Tableau 15 quant à plusieurs aspects sur une échelle de 1 à 4 en considérant 4 comme la meilleure cote.[5]

Tableau 15 – Comparaisons des productions de sels de cobalt.[5]

Paramètre	$Co(OH)_2$	$CoCO_3$	CoS	$CoSO_4$
Dépenses d'investissement	2	3	4	1
Dépenses d'exploitation	3	4	2	1
Récupération	2	4	1	3
Sécurité	4	2	1	3
Pureté	2	3	4	1
Opérabilité et maintenance	3	4	1	2
Marketing et vente	2	3	1	4
Production métallique	2	4	1	3
Total	20	27	15	18

Il est ainsi montré que la production de carbonate est la plus avantageuse suivie de celle des hydroxydes, celle des sulfates et pour terminer par celle des sulfures.

7. Usage de sels de cobalt

Les sels de cobalt ont une utilisation fort diversifiée dont quelques exemples sont donnés ci-dessous.

Acétate de cobalt : $Co(CH_3COO)_2.4H_2O$

Sel de couleur pourpre utilisé comme accélérateur de séchage de peinture, catalyseur en chimie, complément alimentaire pour bétail.

Oxyde cobalt : CoO

Sel de couleur variant du vert foncé au rouge en passant par le noir. Il est utilisé comme additif dans l'industrie des céramiques pour l'obtention du bleu. Il est également utilisé comme agent dessicant dans les encres, comme additif alimentaire pour le bétail et comme engrais.

Carbonate de cobalt : $CoCO_3$

Utilisé pour la coloration des céramiques en bleu et comme additif alimentaire pour le bétail.

Chlorure de cobalt : $CoCl_2$

Ce sel de cobalt est utilisé dans des réactions de déshydratation et d'hydratation, des réactions de synthèse en chimie.

Nitrate de cobalt : $Co(NO_3)_2$

Sel utilisé comme colorant, production d'encres et notamment dans la production de polymères.

Sulfate de cobalte : $CoSO_4.H_2O$

Sel utilisé dans des réactions de synthèse en chimie.

8. Bibliographie

[1]-Léonardo M. Blanco, Revêtement protecteur à base d'oxyde de cobalt, de titane ou de cérium pour la cathode de nickel des piles à combustible de carbonates fondus, Thèse de doctorat, Université de Paris VI, 2003.

[2]-A. J. Lathwood, A case study of the commissionning of Hartley Platimium Base Metal Refinery Nickel Electrowining, The Southern African Institue of Mining and Metallurgy, School: Solvent Extraction Electrowinning.

[3]-E. Peek et al., Technical and business considerations of cobalt hydrometallurgy, JOM, 61(10) (2009), pp. 43-53.

[4]-R. Rumbu, Métallurgie extractive des non-ferreux– Pratiques industrielles, New Voices Publishing, Cape Town, RSA, 2010.

[5]-B. Swartz et al., Processing considerations for cobalt recovery from Congolese copperbelt ores, Hydrometallurgy Conference 2009, The Southern African Institue of Mining and Metallurgy 2009, pp. 385-400.

VI. Électro-extraction du cobalt

1. Introduction

La production de cobalt électrolytique initialement concentrée au Katanga – R.D.C. et dans le Copper-belt zambien s'est développée dans d'autres pays suite à l'effondrement de la capacité du premier cité à partir du début des années 1990.

L'électrolyse du cobalt est effectuée à partir de solutions aqueuses sulfatées dans la plupart des cas ou en milieux chlorés. La production du cobalt électrolyte est développée au Katanga au départ à partir de l'électrolyse en pulpe qui est en fait une électrolixiviation d'une pulpe d'hydroxyde de cobalt $Co(OH)_2$ donnant un cobalt de qualité moindre de 94 à 96% pour évoluer vers l'électrolyse en solution sulfatée claire pour obtenir du cobalt à plus de 99,5%.

La particularité de l'électrolyse du cobalt en solution claire implique des conditions particulières et sévères de purification qui ont été améliorées par les techniques d'extraction par solvants et les extractions par échangeurs d'ions

2. Electrolyse d'extraction en milieu sulfate

La qualité des impuretés présentes suite à des purifications imparfaites réduit sensiblement la récupération du cobalt ainsi que le rendement de courant qui se limite à des valeurs n'excédant pas 60% comparativement aux valeurs supérieures à 80 % obtenues en laboratoires sur des échantillons chimiquement purs ou dans des usines où la purification est particulierement poussée par extraction par solvants (SX) ou résines échangeuses d'ions (IX) par exemple.

Réactions principales :

Réactions cathodiques

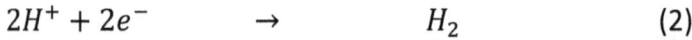

$$Co^{2+} + 2e^- \quad \rightarrow \quad Co \qquad (1)$$

$$2H^+ + 2e^- \quad \rightarrow \quad H_2 \qquad (2)$$

Réactions anodiques

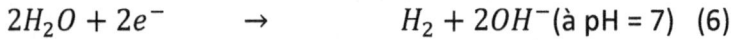

$$2H_2O \quad \rightarrow \quad O_2 + 4H^+ + 4e^- \qquad (3)$$

$$2Cl^- \quad \rightarrow \quad Cl_2 + 2e^- \qquad (4)$$

$$Co^{2+} + 2H_2O \quad \rightarrow \quad CoOOH + 3H^+ + e^- \quad (5)$$

$$2H_2O + 2e^- \quad \rightarrow \quad H_2 + 2OH^- (\text{à pH} = 7) \quad (6)$$

Réaction globale

$$CoSO_4 + H_2O \quad \rightarrow \quad Co + \tfrac{1}{2}O_2 + H_2SO_4 \qquad (7)$$

$$U_{A/C} = E_{A/C} + |\eta_C| + |\eta_A| + \Sigma R.I + \rho LJ \qquad (8)$$

avec

- $E_{A/C}$ potentiel standard

- $|\eta_C|$ Surtension cathodique

- $|\eta_A|$ Surtension anodique

— $\Sigma R.I$ Chute ohmique extérieure

— R résistances des conducteurs électriques hors du bain électrolytique.

— I intensité appliquée à la cellule d'électrolyse.

— ρLJ Chute ohmique intérieure.

— ρ résistivité de l'électrolyte.

— L écartement entre cathode et anode dans une cellules d'électrolyse.

— J densité de courant appliquée à la cellule d'électrolyse.

Le cobalt issu d'un minerai *Cu-Ni* est récupéré après traitement métallurgique et électro-obtention de ces derniers.

3. Types d'électrodes

Nous décrirons ici les électrodes généralement utilisées en pratique industrielle.

Cathodes :

—   Cathodes en acier ordinaire : pour les électro-lixiviations en pulpe. Ces cathodes subissent une corrosion importante en cours de fonctionnement mais le caractère friable du dépôt électrolityque permet son retrait ou strippage sans trop de dommage.

—   Cathodes en acier inoxydable 316L : cathodes destinées à des électrolyses en solutions claires. La déposition se fait sur toute sa surface. Le retrait du cobalt déposé doit être facilité par un enduisage préalable de gélatine. Ces cathodes résistent bien à la corrosion mais sont sujettes à des déformations quasi-permanentes dues au mode de retrait du dépôt cathodique impliquant de grands efforts physiques.

— Cathodes en acier inoxydable 316L avec zones de déposition circulaires ou elliptiques (pour optimisation de la surface de de déposition) aménagées dans une matrice caoutchoutée pour faciliter le strippage. Le retrait du cobalt déposé doit être facilité par un enduisage préalable de gélatine.

— Cathodes en titane : elles ont la particularité d'une meilleure résistance à la corrosion, d'un strippage ou retrait du dépôt plus facile d'où de moindres déformations contribuant à une durée de vie plus étendues. Leur point faible reste le prix qui est élevé.

Anodes

— Anodes incorrodables Co-Si-Mn : elles sont constituées d'un alliage de fonderie composées de Co 78-83%, Si 11-13,5%, Mn 4,5-6%, Al 0,1-0,4% et dont la teneur en fer est inférieure à 1,5%. Ces anodes permettent d'obtenir des dépôts cathodiques très peu pollués en plomb de l'orde de 10 PPM. La faiblesse est la fraglité mécanique et le prix élevé lié à sa composition en cobalt. Elles sont recyclables.

— Les anodes en plomb passivé 6% Sb: les anodes en plomb antmonieux sont appréciées à cause de leur disponibilité et leur facilité de mise en œuvre. L'inconvénient majeur en plus de celui de la surtension sur la réaction anodique principale est la pollution du dépôt cathodique en plomb atteignant de 100 à 200 PPM. La précipitation d'une pellicule de MnO_2 tend à passiver d'une certaine manière l'anode limitant cette pollution. Ces anodes sont recyclables.

–   Les anodes du type DSA (Dimensionally Stable Anodes) : ce sont des anodes à base de titane essentiellement utilisées pour l'électrolyse en solutions chlorées. Le titane polarisé anodiquement résiste à la corrosion dans des milieux fortement agressifs. Ces anodes à base de titane se sont révélées comme étant stables au point de vue dimensionnel compte-tenue de leur résistance à la corrosion et elles ont montré de faibles surtensions anodiques assurant ainsi de plus faibles consommations de courant. Il existe divers enduisages pour assurer une meilleure stabilité des DSA tels que $IrO_2 - Ta_2O_5$. Elles sont misent en sac pour la collection du chlore.

4.   Impacts de divers paramètres

4.1   *pH*

L'évolution du pH de la catholyte lors du processus électrolytique passe par 3 étapes :

-       Etape 1 : le pH est stable, proche du pH initial favorisant un dépôt métallique, brillant et compact associé à un rendement de courant élevé.
-       Etape 2 : début de la baisse du pH et premières réactions de dégagements d'hydrogène provoquant une légère augmentation de la tension aux bornes de la cellule d'électrolyse.

- Etape 3 : poursuite du processus électrolytique à bas pH provoquant un dépôt non métallique, piqûré et non-adhérent avec chute significative du rendement de courant.

Les opérations doivent être menées afin de maintenir le processus au niveau de l'étape 1 par des réglages judicieux.

L'électrolyse d'extraction du cobalt fait face à la réaction concurrente de dégagement d'hydrogène que l'on peut expliquer par leurs positions relatives sur l'échelle d'électro-négativité mais fort heureusement, la surtension d'hydrogène favorise toutefois l'électrodéposition du cobalt. Cette réaction concurrente influence grandement le rendement de courant et la qualité du dépôt qui a tendance à éclater et c'est pour cela que l'on limite la chute de la teneur en cobalt lors de l'électrolyse à 5 g/l ou moins.

La surtension cathodique η_C dans la relation (8), comme vu précédemment au point 2, diminue lorsqu'on se trouve dans des gammes de pH proches de 1 ou de 5 selon les courbes décrites par Longfils.[14]. Voir Figure 50.

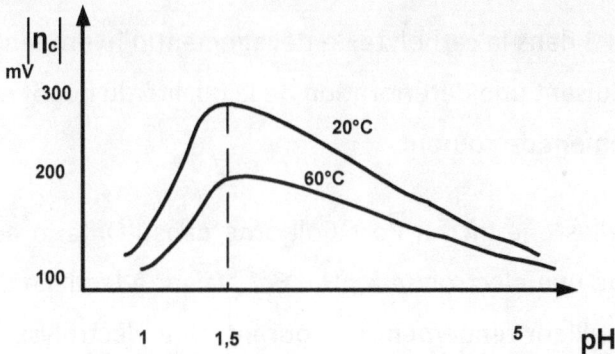

Figure 50 – Surtension cathodique du dépôt de cobalt en fonction du pH.

L'inconvénient de travailler à pH=1 est le dégagement de l'hydrogène H_2, son insertion dans le dépôt cathodique et la baisse de rendement électrique liée à la compétition cathodique due à la production concurrente de H_2.

A pH sensiblement supérieur à 6, il y a risque de précipitation de $Co(OH)_2$ détériorant le dépôt tel que décrit par M. Dubrovsky et al.[4]

Le pH est restauré par apport d'électrolyte à pH convenable ou par ajout d'hydroxyde de cobalt - $Co(OH)_2$ afin de limiter la réduction cathodique d'hydrogène suivant son oxydation cathodique. L'acidité de l'électrolyte appauvri devra être aux environs de 15 g/l.

Le pH est donc un paramètre important affectant la qualité du dépôt cathodique, le rendement de courant et le débit de l'électrolyte circulant.

L'électrodéposition du cobalt se déroule quasi-parfaitement à des pH entre 5 et 6.4 en fonction de la qualité de la purification tout en donnant un dépôt métallique brillant et compact.

191

Aux environs de pH 3 dans la catholyte, le dégagement d'hydrogène devient évident induisant une détérioration de la qualité du dépôt et une perte de rendement de courant.

Certaines usines telles que Inco à Port Colborne dans l'Ontario au Canada ont pratiqué une électrolyse à pH = 3,7, valeur à laquelle ils ont éprouvé leur meilleur rendement de courant. Une électrolyse à une telle gamme de pH prouve l'utilisation d'agents tels que le sulfate de sodium Na_2SO_4 ou l'acide borique H_3BO_3.

4.2 *Plaquage du cobalt*

La tendance du cobalt à éclater, peler et s'enrouler rend pratiquement impossible l'utilisation de baguettes conventionnelles (edge strip) sur les cathodes en électro-extraction car pour que le dépôt tienne à la cathode, il faut absolument une déposition également sur les bords et cela a un effet immédiat sur la tenue des cathodes en acier inoxydable face au stripping.

Des procédés ont été ainsi développés soit pour produire directement des poudres par voie électrolytique ou pour effectuer des dépositions cathodiques sur des secteurs circulaires de cathodes préalablement définis et aménagés. Ces secteurs sont découpés dans une gaine de caoutchouc entourant la plaque cathodique et sont sablés pour minimiser l'accrochage entre l'acier de la cathode et le cobalt déposé.

4.3 *Concentrations en impuretés*

4.3.1 Introduction

Les solutions électrolytiques industrielles contiennent généralement en plus du cobalt, des éléments ayant échappé aux étapes d'extraction précédentes ou issus de pollutions diverses. Ces éléments sont : le cuivre, le nickel, le fer, le zinc, le manganèse, le magnésium, le sélénium, le cadmium et le plomb entr'autres.

Ces éléments affectent dans une certaine mesure la déposition électrolytique du cobalt et c'est pourquoi des étapes essentielles de purification existent.

La déposition électrochimique des métaux est fonction de la thermodynamique et plus précisément du potentiel standard de ces métaux. La priorité dans la déposition de plusieurs métaux en présence, ce qui est le cas dans les solutions industrielles, est régie en plus des facteurs thermodynamiques par des facteurs cinétiques expliquant la déposition préférentielle d'une espèce par rapport à une autre en dépis de ce qui était attendu.

Tableau 16 – Potentiel d'électrode à 25°C pour une solution molaire.

Elément	Tension (V)	Elément	Tension (V)
Li/Li$^+$	3,045	In/In^{3+}	+ 0,335
Cs/Cs$^+$	2,923	Tl/Tl$^+$	+ 0,335
Rb/Rb$^+$	2,925	Co/Co^{2+}	+ 0,277
K/K$^+$	2,925	Ni/Ni^{2+}	+ 0,25
Ra/Ra^{2+}	+ 2,92	Mo/Mo^{3+}	+ 0,2
Ba/Ba^{2+}	+ 2,90	In/In+	+ 0,14
Sr/Sr^{2+}	+ 2,89	Sn/Sn^{2+}	+ 0,140
Ca/Ca^{2+}	+ 2,87	Pb/Pb^{2+}	+ 0,126
Na/Na$^+$	2,713	Fe/Fe^{3+}	+ 0,036
La/La^{3+}	+ 2,52	H$_2$/2 H$^+$	0,000
Ce/Ce^{3+}	+ 2,48	Sb/Sb^{3+}	- 0,1
Mg/Mg^{2+}	+ 2,37	Bi/Bi^{3+}	- 0,2
Y/Y^{3+}	+ 2,37	As/As^{3+}	- 0,3
Sc/Sc^{3+}	+ 2,08	Cu/Cu^{2+}	- 0,337
Th/Th^{4+}	+ 1,90	Co/Co^{3+}	- 0,4
Be/Be^{2+}	+ 1,85	Ru/Ru^{2+}	- 0,45
U/U^{3+}	+ 1,80	Cu/Cu$^+$	- 0,52
Hf/Hf^{4+}	+ 1,70	Te/Te^{4+}	- 0,56
Al/Al^{3+}	+ 1,66	Tl/Tl^{3+}	- 0,71
Ti/Ti^{2+}	+ 1,63	2 Hg/Hg$_2$$^+$	- 0,792
Zr/Zr^{4+}	+ 1,53	Ag/Ag$^+$	- 0,800
U/U^{4+}	+ 1,4	Rh/Rh^{3+}	- 0,8
Mn/Mn^{2+}	+ 1,19	Pb/Pb^{4+}	- 0,80
V/V^{2+}	+ 1,18	Os/Os^{2+}	- 0,85
Nb/Nb^{3+}	+ 1,1	Hg/Hg^{2+}	- 0,854
Cr/Cr^{2+}	+ 0,86	Pd/Pd^{2+}	- 0,987
Zn/Zn^{2+}	+ 0,763	Ir/Ir^{3+}	- 1,15
Cr/Cr^{3+}	+ 0,74	Pt/Pt^{2+}	- 1,2
Ga/Ga^{3+}	+ 0,53	Ag/Ag^{2+}	-1,369
Ga/Ga^{2+}	+ 0,45	Au/Au^{3+}	- 1,50
Fe/Fe^{2+}	+ 0,44	Ce/Ce^{4+}	- 1,68
Cd/Cd^{2+}	+ 0,402	Au/Au$^+$	- 1,68

De nombreuses études ont montré que la teneur en cobalt, élément principal du bain électrolytique, avait un impact certain sur le comportement des impuretés.

Plus la teneur du cobalt en solution est grande, moins sensibles sont les effets des métaux en solution d'abord par le fait des potentiels relatifs aux éléments et par leurs teneurs respectives.

$$E_{M^{n+}/M} = E°_{M^{n+}/M} + \frac{RT}{nF}\ln[M^{n+}] \qquad (9)$$

Normalement, les dépositions de différents métaux entrent en compétition lorsque l'équilibre suivant est atteint :

$$E_{M_1^{n+}/M_1} = E_{M_2^{n+}/M_2} \qquad (10)$$

La réalité est différente et la codéposition apparaît à des teneurs en impuretés ne satisfaisant pas à la relation (10) pour les métaux M_1 et M_2.

Le dégagement cathodique de l'hydrogène est un phénomène facilité par sa position par rapport au cobalt (moins noble) sur l'échelle d'électronégativité (voir Tableau 16). L'hydrogène aura tendance à se déposer préférentiellement au cobalt avec comme effet une baisse sensible du rendement de courant de déposition du cobalt. C'est pourquoi le pH de la solution électrolysée est généralement maintenu entre 6.00 et 6.40 pour minimiser l'effet de H_2.

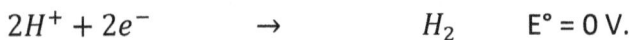

$Co^{2+} + 2e^- \qquad \rightarrow \qquad Co \qquad E° = -0.277$ V.

$2H^+ + 2e^- \qquad \rightarrow \qquad H_2 \qquad E° = 0$ V.

4.3.2   Effets d'impuretés métalliques

Plusieurs théories existent pour expliquer le rôle inhibiteur du zinc dans l'électrodéposition du cobalt telle que celle parlant de la formation d'une couche passivante d'un précipité d'oxyde de zinc due à un accroissement de pH dans la catholyte.

L'accroissement du rapport Me/Co (avec Me pouvant être Ni, Zn) est proportionnel à l'accroissement de la densité de courant.

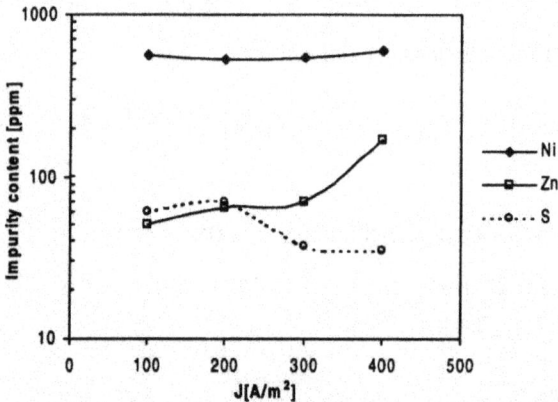

Figure 51 – Effet de la densité de courant sur le rapport cobalt/impurité sur le cobalt électrodéposé.

Les cations de fer provoquent une modification du processus de nucléation et croissance du cobalt.

En ce qui concerne la tension aux bornes de la cellule d'électrolyse, elle augmente avec le rendement de courant et diminue avec l'accroissement de la teneur en cobalt ou l'accroissement de la température.

Tableau 17 – Résultats de l'électolyse du cobalt en milieu sulfates à 30 g.l^{-1}
d'acide borique, pH 4 à 20 et 50°C.[5]

	Co g.l^{-1}	C D mA.Cm^{-2}	CE %	EC kW.kg^{-1} Co
50°C				
1	30	10	90	2.49
2	30	50	94	4.33
3	60	10	94	1.92
4	60	50	97	3.28
20°C				
5	30	10	-	-
6	30	50	94.3	3.84
7	60	10	-	-
8	60	50	99	2.85

Avec

Co : la teneur en cobalt.

CD : la densité de courant.

CE : le rendement de courant.

EC : la puissance spécifique consommée rapportée au poids de cobalt.

4.4   *Concentration en cobalt*

Ce sont les ions Co^{++} et SO_4^{2-} qui transportent le courant. La conductivité dépendra donc de la concentration en $CoSO_4$ et de la température.

Le rendement de courant augmente avec la concentration en cobalt dans l'électrolyte. Cela est évidemment lié à l'abondance d'ions cobalteux à proximités de la cathode diminuant ainsi le processus de diffusion. Le processus de cristallisation devient l'étape déterminante. Un électrolyte faible en cobalt produit un depôt fragile, pellant, souvent contaminé chimiquement et physiquement. L'incorporation de l'hydrogène dans le dépôt cathodique a comme conséquence des tensions dans ce dépôt provoquant le phénomène d'éclatement. Le rendement de courant en est sensiblement affecté suite également à l'effet plus important des impuretés et de la réduction de l'hydrogène.

Il n'a été observé que ce soit dans la pratique industrielle ou en laboratoire aucun apport significatif à avoir un électrolyte à plus de 60 g/l.[10]

L'énergie nécessaire à la déposition du cobalt diminue en fonction de l'augmentation de la teneur de ce métal dans l'électrolyte. Cela est dû à une hausse de la conductivité ainsi qu'à une croissance du rendement de courant.

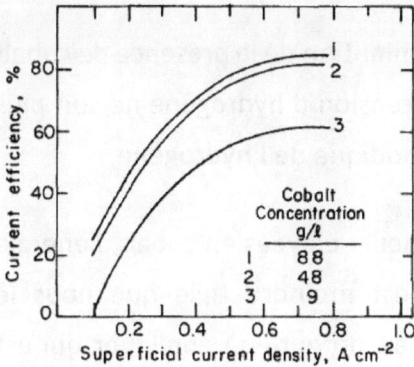

Figure 52 – Influence de la concentration de cobalt et de la densité de courant sur le rendement de courant.

Des travaux de Kongolo et al.[6] ont montré que l'augmentation de la teneur en cobalt de l'électrolyte favorisait la diminution d'impuretés dans le dépôt cathodique pour le nickel, le zinc et le soufre mais la contamination de ce dernier montrait un minimum entre 50 et 60 g/l en cobalt. (Voir Figure 53)

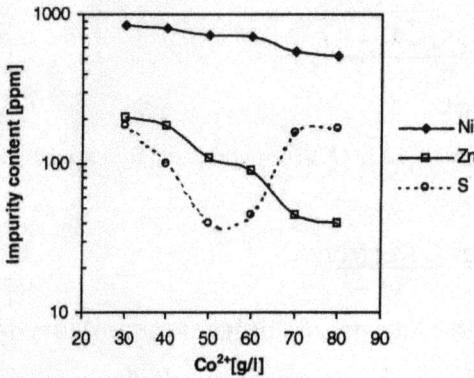

Figure 53 – Influence de la concentration en cobalt sur la co-déposition du Ni, Zn et S (T=80°C, J=250 A/m²).

L'électrolyse à partir de solutions trop pauvres, en plus de favoriser de faibles rendements de courant, amène à son tour des dépôts cathodiques de qualité moindre, pulvérulents ou susceptibles d'éclater. Cela est expliqué par la diminution de la présence de cobalt dans la catholyte faisant que la surtension d'hydrogène ne soit plus un handicape pour la réduction cathodique de l'hydrogène.

D'une manière triviale, avec des teneurs élevées en cobalt, l'énergie requise pour l'électro-déposition est moindre telle que nous le prouve la Figure 54[10] cela est dû au potentiel à appliquer qui est réduit suite à la meilleure conductivité favorisé par la haute teneur en cobalt de l'électrolyte.

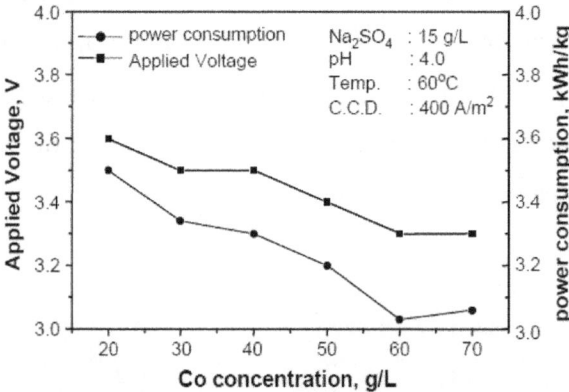

Figure 54 – Influence de la concentration en cobalt sur le potentiel appliqué et la puissance consommée.

4.5 *Configuration des cellules d'électrolyse*

Pour trouver solutions aux problèmes décrits précédemment lors des électrolyses en solutions claires, plusieurs technologies ont été adoptées au sujet de la configuration des cellules d'électrolyse.

La plupart des usines utilisent des cellules conventionnelles non compartimentées. D'autres trouvent un intérêt pour des cellules compartimentées dans le but de limiter les effets de la modification de la qualité de l'électrolyte afin de ne pas affecter la qualité du dépôt cathodique et le rendement de déposition suite à la modification poussée de l'anolyte et la catholyte.

Cette configuration permet notamment :

- le retrait de l'électrolyte épuisé et celui du mélange gazeux H_2/O_2 améliorant ainsi la qualité de l'électrolyse et l'environnement de travail.
- l'amélioration de l'introduction de la solution à électrolyser dans la cellule.
- L'amélioration du contrôle du pH de la catholyte afin de limiter la réduction du rendement de courant dû au dégagement d'hydrogène.

La configuration des compartiments des cellules peut se limiter à la mise en sac des cathodes ou des anodes mais cela doit se faire de telle sorte que le dépôt cathodique soit adhérent afin de ne pas endommager les sacs.

Il arrive que l'on constate un besoin en tension accrue aux bornes de la cellule compartimentée à cause du caractère peu conducteur de la catholyte qui implique un surcoût énergétique et donc financier lors de l'électrolyse.

4.6   *Influence de la densité de courant et de la composition de l'électrolyte*

La densité de courant à appliquer en électro-obtention du cobalt en plus de tenir compte de la productivité par la loi de Faraday doit aussi tenir compte de la codéposition d'éléments métalliques tels que le nickel et le zinc dont la contamination augmente dans le dépôt cathodique à haute densité de courant (voir Figure 51 précédemment).

Le zinc étant plus électronégatif que le cobalt (-0.76 V vs. -0.277 V), la déposition du cobalt est privilégiée mais les cations de zinc présents dans l'électrolyte migrent, sous l'influence du champ électrique appliqué, vers la cathode et constituent une barrière à la déposition du cobalt. Cette inhibition est liée à un phénomène connu sous le nom de l'anomalie de la codéposition de l'alliage *Co-Zn*.

Le dépôt est irrégulier, ductile, brillant à basse densité de courant en présence de zinc mais il devient plus régulier, plus adhérent avec de meilleurs rendements de courant à de plus hautes densités de courant et en chauffant sensiblement la solution.

L'augmentation de la densité de courant en électrolyse de cobalt en milieu acide entraîne la diminution de la surtension de dégagement d'hydrogène d'où un accroissement du rendement de déposition du cobalt. (Voir Tableau 18)

Tableau 18 – Variation de la surtension d'hydrogène en fonction de la variation de la densité de courant dans un électrolyte 2N H_2SO_4 à 25°C.[4]

I ($A.cm^{-2}$)	1.10^{-3}	5.10^{-3}	1.10^{-2}	2.10^{-2}	4.10^{-2}	1.10^{-1}
ηH_2 (V)	-0.32	-0.39	-0.42	-0.45	-0.48	-0.52

Il existe toutefois une densité de courant optimale autour de 400 A/m^2 où le rendement de courant est maximum. Au-delà de cette gamme de valeurs, le rendement de courant chute tel que le montre la Figure 55.

Cette chute de rendement de courant est due au fait qu'à partir de certaines densités de courant, suite à l'épuisement de cobalt dans la catholyte, l'étape déterminante dans le processus électrolytique devient la diffusion des ions cobalt qui atteint une limitation.[3]

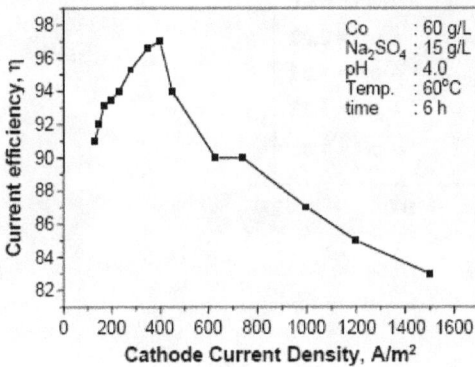

Figure 55 – Effet de la densité de courant cathodique sur le rendement cathodique.

L'association de l'accroissement de pH et de la densité de courant entraîne un accroissement du rendement de courant de déposition tel que le montre la Figure 56.[7]

Cet accroissement de pH sous-entend des variations de débits de circulation d'électrolyte par rapport à l'ampérage appliqué.

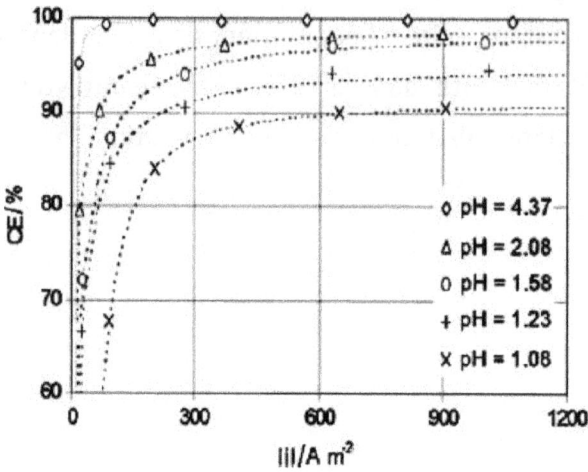

Figure 56 – Variation du rendement de courant en fonction de la variation de la densité de courant et du pH.

Effet de la densité de courant sur la tension aux bornes de la cellule et sur la puissance consommée.[3]

Le potentiel appliqué au borne de la cellule d'électrolyse contenant un électrolyte synthétique à 30°C composé de Co $40g.\,l^{-1}$, H_3BO_3 $10g.\,l^{-1}$, NaF $0,5g.\,l^{-1}$ répond quasiment à l'équation de la droite

$$V = a + mi \qquad\qquad (1)$$

où V est le potentiel de la cellule d'électrolyse

i la densité de courant

a et b les conditions aux limites qui sont respectivement 2,625 V et $0,00489\ V.\,m^2.\,A^{-1}$

La puissance consommée par la cellule d'électrolyse dans les mêmes conditions opératoires est directement proportionnelle à la densité de courant selon :

$$P = a_1 + m_1 . i \qquad (2)$$

où P est la puissance consommée par la cellule d'électrolyse

i la densité de courant

a et b les conditions aux limites qui sont respectivement 2,525 $kWh. kg^{-1}$ et 0,0068 $kVh. m^2 kg^{-1}$.

Il est évident que la tension aux bornes de la cellule d'électrolyse ainsi que la puissance consommée croissent avec l'accroissement de la densité de courant.

4.7   *Effets d'adjuvants sur la puissance consommée*

De nombreuses pratiques électrolytiques renseignent l'utilisation de nombreux additifs tels que le sulfate de sodium Na_2SO_4, l'acide borique H_3BO_3, le sulfate d'ammonium $(NH_4)_2SO_4$ et le fluorure de sodium NaF dans le but d'amélorer qualitativement et/ou quantitativement l'électro-extraction du cobalt.

La présence de l'acide borique ou de *Mn(II)* a montré des accroissements de rendement de courant de déposition en électrolyse en milieux sulfates.[11] Leurs effets ne sont toutefois pas additionnels dans ce cas.

L'acide borique améliore également le brillant du cobalt électro-déposé sans avoir d'effet que ce soit sur l'orientation ou la morphologie du dépôt.

L'association de l'acide borique et du fluorure de sodium donnent des résultats d'électrolyse améliorés pour toutes conditions équivalentes. Les conditions opératoires idéales renseignées par S.C. Das et al. sont : *Co 20~50 g/l, H_3BO_3 10 g/l, NaF 0,5 g/l, pH~3*, densité de courant de *100 $A.m^{-2}$* et un milieu réactionnel à *30°C*.[3]

Nous rappellons le rôle important du manganèse dans l'enrobage des anodes en plomb assurant de cette façon une inhibition à leur corrosion en cours de fonctionnement. Tant que la concentration du manganèse est inférieure ou égale à 0,1g/l, sa part de consommation du rendement de courant n'excède pas le pourcent. La présence de l'acide borique inhibe la pollution du dépôt cathodique par le manganèse en limitant sa teneur à environ 30 PPM.[11]

Réaction de précipitation du manganèse :

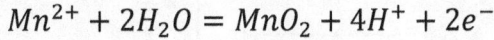

$$Mn^{2+} + 2H_2O = MnO_2 + 4H^+ + 2e^-$$

Une conductivité, une tension appliquée, une puissance et un rendement de courant optimaux en électro-extraction en milieu sulfate sont assurés par la présence de 15 g/l de Na_2SO_4. A cette teneur en Na_2SO_4, le dépôt est adhérent et de bonne qualité.

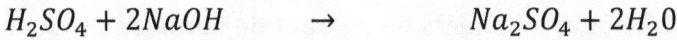

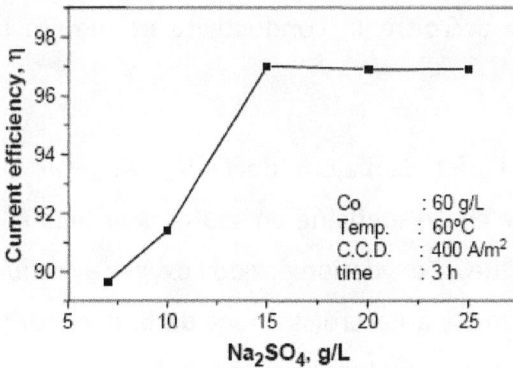

$$H_2SO_4 + 2NaOH \qquad \rightarrow \qquad Na_2SO_4 + 2H_2O$$

$$H_2SO_4 + Na_2CO_3 \qquad \rightarrow \qquad Na_2SO_4 + H_2O + CO_2$$

Figure 57 – Effet de Na₂SO₄ sur le rendement de courant.

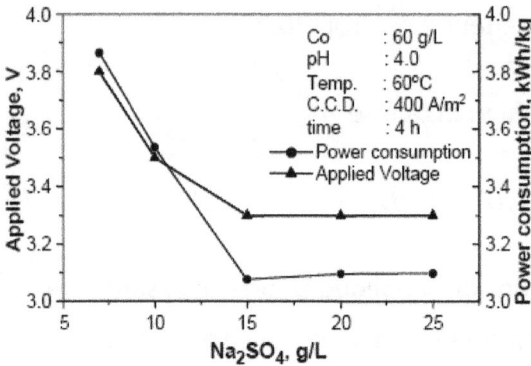

Figure 58 – Effet de Na₂SO₄ sur la puissance consommé et sur la tension appliqué.

Des accroissements de rendements de courant de l'orde de 2% sont obtenus avec un électrolyte à $\sim 12 \ g/l \ H_3BO_3$.

En électrolyse en pulpe, le sulfate d'ammonium $(NH_4)_2SO_4$ est généralement ajouté pour accroître la conductivité et réduire la surtension cathodique.

Kongolo et al.[6] a décrit l'effet de l'ajout de $(NH_4)_2SO_4$ sur les impuretés en spécifiant une chute soudaine en soufre dans le dépôt cathodique probablement due à l'oxydation par de l'oxygène produit anodiquement conséquemment à l'accroissement de la densité de courant induisant les réactions suivantes montrant la stabilisation du soufre de l'électrolyte :

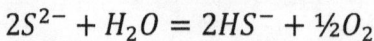

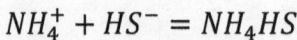

$$2S^{2-} + H_2O = 2HS^- + \frac{1}{2}O_2$$

$$NH_4^+ + HS^- = NH_4HS$$

4.8 _Température_

Lors de l'élévation de température on aurait tendance à croire que la baisse de la surtension de dégagment de H_2 serait nuisible mais fort heureusement, celle de déposition du cobalt diminue beaucoup plus rapidement. Globalement, la surtension cathodique η_C dans la relation relative au calcul de la tension aux bornes de la cellule d'électrolyse, qui est une tension supplémentaire à appliquer, diminue lorsqu'on élève la température. Il y a dépolarisation cathodique, autrement dit cette surtension descend plus vite que celle du zinc et la température de travail recommandée se situe entre 50 et 80°C en fonction du niveau de purification atteint par le dézingage préalable. Cela permet de contourner l'inefficacité éventuelle du dézingage.

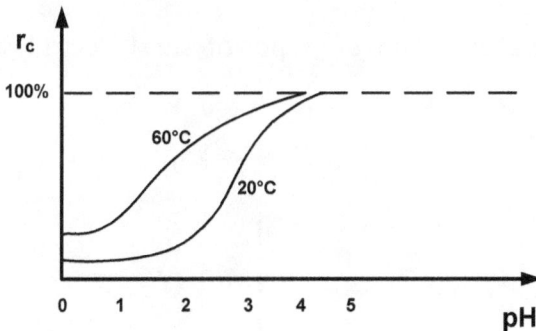

Figure 59 – Influence de la température et du pH sur le rendement de courant en électro-extraction du cobalt.

209

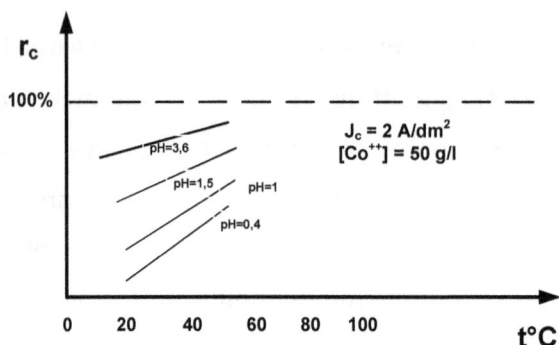

Figure 60 – Influence du pH et de la température en électro-extraction du cobalt.

Lors de l'électrodéposition, il y a prédominance pour le cobalt de la phase β à face centrée à haute température qui par contre est mélangée à la phase α hexagonale à de basses températures d'où des contraintes internes au dépôt et son éclatement.

L'élévation de la température a un effet positif sur l'électrolyse d'extraction du cobalt.

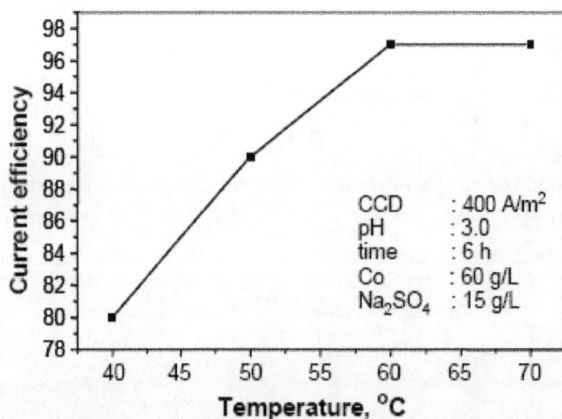

Figure 61 – Effet de la température sur le rendement de courant.

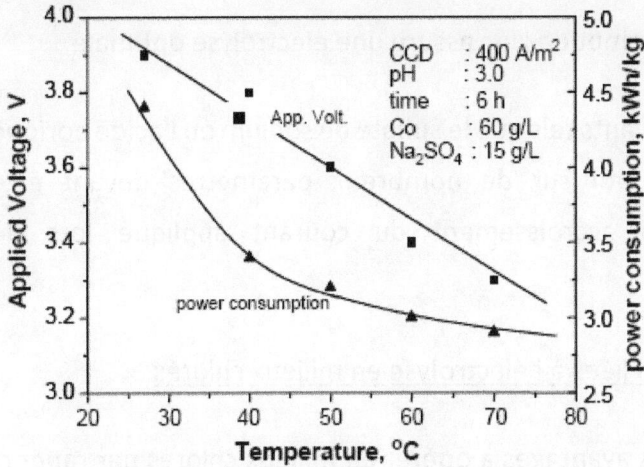

Figure 62 – Effet de la température sur la puissance consommée et sur la tension appliquée.

4.9 Consommation d'énergie

$V_{cellule}$ = 4,0 à 4,8V en tenant compte des pertes aux résistances de contact et des courts-circuits.

Consommation d'énergie C = 5,2-6,5 KWh/Kg

4.10 Conclusion

De part les informations existantes à ce jour, la concentration en cobalt (Co^{2+}), la température et la densité de courant ont une influence certaine sur la pollution du cobalt déposé. La hausse de température a un effet inhibant pour l'action nocive du zinc, permettant aussi de meilleurs rendements de déposition du cobalt et une consommation moindre d'énergie électrique. La pollution en zinc et nickel quant à elle croît avec la hausse de la densité de courant.

Un pH inférieur à 6,5 garanti de bons rendements de courant.

211

Un électrolyte exempt de zinc assure une électrolyse optimale.

L'addition d'adjuvants tels que le sulfate de sodium ou l'acide borique ont un effet positif sur de nombreux paramètres devant être comparés à un accroissement du courant appliqué lors de l'électrolyse.

5. Particularités liées à l'électrolyse en milieux chlorés

Il existe quelques avantages à opérer en milieux chlorés par rapport aux milieux sulfatés.

On observe particulièrement :

— Une plus grande conductivité de l'électrolyte.
— Une plus faible viscosité de l'électrolyte.
— Une plus grande activité de l'ion cobalt.
— De plus faibles surtensions cathodiques et anodiques.
— Une plus grande solubilité permettant de travailler à plus grandes concentrations sans craindre le phénomène de montée de sels.
— pH plus stable au sein des cuves d'électrolyse suite à la faible génération d'acide.
— Codéposition moindre de nickel.
— Métal déposé plus ductile permettant la production de feuille de départ (starting-sheets).
— L'utilisation d'anodes inertes de type DSA (Dimensionally stable anodes) faite de titane enrobé d'oxydes de métaux

nobles permettant à la fois d'éviter les surtensions liées au dégagement anodique d'oxygène et la pollution du plomb.

— Parmis les désavantages, nous pouvons citer :

— La nécessité de cuves d'électrolyse permettant la récupération des gaz chlorés toxiques.

— Le caractère fortement oxydant d'où extrêment corrosifs des milieux chlorés.

— Les plus grandes contraintes internes dans le dépôt métallique.

Tableau 19 – Description de conditions opératoires d'électrolyse du cobalt.[1][2][9][12][15]

	Nkana Cobalt plant Zambia	Chambishi Metals Zambia	Inco Port Colborne Canada	Luilu D.R.C.	Shituru D.R.C.	Kakese Uganda	Sumitomo Nihama Japan	Jinchuan China	Xstrata Nikkelverk Kristiansand Norway
Media	SO_4^{2-}	SO_4^{2-}	SO_4^{2-}	SO_4^{2-}	SO_4^{2-}	SO_4^{2-}	Cl^-	Cl^-	Cl^-
Electrowinning Cells	80	34		108	80	10	8		
Cathodes per cell	12	30	36	20	18	36	52	11	48
Cathodes area (m²)	1.8	1.45		1.8	1.8		0.8		0.8
Cathodes material	SS 316	SS 316		SS 316	Carbon steel		Co Starter sheets		Co Starter sheets
Anodes material	Pb base	Pb base		Pb base or Co-Si-Al(Mn)alloy	Pb base		Ru oxide-coated Ti wire		Ru oxide-coated Ti wire
Current per cell (kA)		13	10	10-12	12-14				15
Nominal Current Density (A/m²)		280-400	200	300-400	400	250-350	233	300-350	220
Voltage (V)		4.8	3.7	4-4.8	4-4.2	2.8-3.1	3.1	3.5	3.7
Current Efficiency (%)	60	65-70	92.6	60-80	55-60	82.4-84.5	90	94	90
Pulling cycle (days)	4	4-5	5	3-4	4	5	8	4	7
Electrolyte Feed Rate (m³/h/cell)		2.9		1.6-2.5	1.5-1.6	2 gpl H_2SO_4	1.2-1.5		
pH	6.4	6.2-6.4	3.7	6.2	6.2-6.4			2	1
Cobalt (gpl)		30-40	45	30-45	30-40	50	50	65-80	53
Δ Co (gpl)	5	4-5	7	5-6	5	5	9	35-60	5
Cell Temperature (°C)	50-55	70	50	75-80	45-60	70	55-60	55-60	60

6. Dégazage du cobalt électrolytique

Les cathodes retirées des cuves d'électrolyses sont lavées à grands jets d'eau chaudes afin d'éliminer l'électrolyte emporté.

Le cobalt est retiré de la cathode à l'aide de burins lorsque l'électrolyse se déroule sur des cathodes conventionnelles. Le cobalt retiré est fragmenté entre des cylindres dentés pour obtenir des particules de dimensions entre un et deux pouces.

Les particules plus petites dites "fines" sont conditionnées séparémment.

Les plaquettes de cobalt sont empaquetées et placées sous des cloches pour un traitement thermique sous vide au four électrique à résistance.

L'objet de ce traitement est l'élimination de gaz occlus tels que l'oxygène, l'hydrogène et l'azote.

Les plaquettes dégazées passent ensuite par un polisseur afin de leur donner un aspect brillant.

7. Paramètres d'électrolyse de différentes usines

En observant divers paramètres d'électrolyse d'extraction tels que pH et l'ampérage, il est aisé de déduire la qualité des préparations des solutions électrolysées. Les pH et les ampérages bas sont la caractéristique des électrolyses avec additifs au sein de l'électrolyte. Elles s'accompagnent de rendement de courant particulièrement élevé.

Le rendement élevé est aussi une preuve de purification poussée de l'électrolyte.

Les purifications poussées ne nécessitent pas de chauffage excessif de solutions.

D'une autre manière, moins les électrolytes sont préparés, plus les paramètres de production fixés sont extrêmement rehaussés.

La majeure partie des usines décrites dans ce chapitre limite le gradient de concentration entre l'alimentation en solution et la solution épuisée à un maximum autour de 5 g/l. Des cuves d'électrolyses compartimentées et des anodes en sacs permettent des gradients plus importants allant jusqu'à 20 g/l et ainsi des circulations de solutions plus faibles. Les circulations de solutions plus faibles ont l'avantage de permettre d'obtenir des produits mieux purifiés et comportement moins d'emportements mécaniques.

8. Qualités du cobalt électrolytique

La qualité du cobalt électrolytique est fonction du niveau de purification, de la qualité de l'électrolyse que ce soit en termes de respect des paramétrages ou de la qualité des opérations en salle d'électrolyse. Les impuretés issues d'adjuvants n'ayant par leur utilité dans le processus électrolytique devant être minimisés aux maximum. Il s'agit des extractants, des floculants, de toutes sortes de matières organiques ou inorganiques susceptibles de contaminer le dépôt comme le soufre, le carbone sous toutes ses formes ou même le sable.

Tout doit être entrepris pour une électrolyse de qualité à savoir :

- le respect des débits de solutions en fonction de la teneur en cobalt,
- Le respect du courant appliqué en fonction de la même teneur en cobalt,
- La qualité des contacts électriques,
- L'acidité du bain électrolytique,
- Le respect de la durée du cycle d'électrolyse,
- La qualité de la surface des cathodes,
- L'enduisage en gélatine des cathodes,
- La qualité physique et chimique de l'anode,
- La teneur en solides de l'électrolyte,
- La teneur en impuretés de l'électrolyte,
- La salinité nocive de l'électrolyte.

Tableau 20 – Spécifications cobalt électrolytique Umicore.[13]

Elément	Qualité A	Qualité B	Qualité C	Qualité C+	Unités
Co	Min 99.8	Min 99.6	Min 98.5	Min 99.3	%
Ni	Max 1000	Max 1000	Max 5500	Max 2000	ppm
Cu	Max 30	Max 50	Max 200	Max 100	ppm
Fe	Max 50	Max 100	Max 2000	Max 250	ppm
Zn	Max 50	Max 100	Max 500	Max 250	ppm
Mn	Max 10	Max 50	Max 1000	Max 100	ppm
Ca	Max 50	Max 100	Max 250	Max 100	ppm
Mg	Max 20	Max 50	Max 250	Max 100	ppm
Cd	Max 10	Max 50	Max 100	Max 50	ppm
Pb	Max 20	Max 50	Max 100	Max 50	ppm
S	Max 30	Max 250	Max 500	Max 250	ppm
Cr	Max 10	Max 50	Max 100	Max 100	ppm
Al	Max 10	Max 50	Max 600	Max 250	ppm
Si	Max 10	Max 40	Max 500	Max 250	ppm

Tableau 21 – Qualités types de cobalt électrolytiques.[8]

Usine	Ni	Cu	Fe	Pb	Mn	Zn	Cd	C	O	Si	S
Shituru	1406	72	439	101	354	12664	281	486		1076	1444
Luilu	454	17	36	3	2	25*		59		10	12
Chambishi	5000-7000	12-30	8-40	20-50	2-10	2-25	8-13	<100	25-100		6-20
Nippon Mining	200	20	50	1		1					
Port Colborne	950	1	5	5		<10	0.1	20	60	<10	10
Niihama	400	15	50	<1	<1	30				<10	10
Jinchuan	20	10	20	3		10		40		10	10
Plombière	1000	15	400		2-10	5	≤1			2-10	2-10
Nikkelverk	200	3	10	1		1		15	40	<5	2
*Zn+Cd											

219

9. Bibliographie

[1]-Akre Torjus, Electrowinning of cobalt from chloride solutions: Anodic deposition of cobalt oxide on DSA, Doctoral Theses at NTNU, 2008:172.

[2]-Franck K. Crundwell et al., Extractive Metallurgy of Nickel, Cobalt and Platinum-Group Metals, Elsevier, 2011.

[3]-S.C. Das et al., Journal of Applied Electrochemistry N°17, 1987, pp. 675-683.

[4]-M. Dubrovsky et al., An investication of fluidized bed electrowinning of cobalt using 50 and 100 Amp cells, Metallurgical Translation, Volume 13 B, The Metallurgical Society of AIME, 1982, pp. 293-301.

[5]-A. E. Elsherief, Effects of cobalt, temperature and certain impurities upon cobalt electrowinning from sulphate solutions, Journal of Applied Electrochemistry N°33, 2003, pp. 43-49.

[6]-Kongolo K. et al., Contribution of Nickel, zinc and sulphur co-deposition during cobalt electrowinning, The Journal of The South African Institute of Mining and Metallurgy, Volume 105, October 2005, pp. 599-602.

[7]-O.E. Kongstein et al., Current efficiency and kinetics of cobalt electrtodeposition in acid chloride solution. Part I: The influence of current density, pH and temperature, Journal of Applied Electrochemistry N°37, pp. 660-674.

[8]-E. Peek et al., Technical and business considerations of cobalt hydrometallurgy, JOM, 61(10) (2009), pp.43-53.

[9]-R. Rumbu, Métallurgie extractive des non-ferreux– Pratiques industrielles, New Voices Publishing, Cape Town, RSA, 2010.

[10]- Sharma I.G., Electrowinning of cobalt from sulphate solutions, Hydrometallurgy 80 (2005), pp. 132-138.

[11]- B.C. Tripathy et al., Effect of manganese (II) and boric acid on the electrowinning of cobalt from acidic sulfate solutions, Metallurgical and materials transaction B Volume 32B, June 2001, pp. 395-399.

[12]- K. Twite et al., Industrial in-pulp Co-Ni alloy electrowinning at the Gecamines Shituru plant, JOM, December 1997, pp. 46-49.

[13]- Umicore, Notes techniques.

[14]- R. Winand, Cours de Métallurgie des non-ferreux, Université Libre de Bruxelles, 1970.

VII.Électro-raffinage du cobalt

1. Introduction.

Certaines applications nécessitent un cobalt électro-déposé d'une certaine pureté et particulièrement ductile, ce qui n'est pas le cas notamment du cobalt électro-raffiné en milieu aqueux sulfates qui est pollué en positions interstitielles par O_2, H_2, N_2 et C affectant particulièrement la dite ductilité à basse température. Cela est obtenu plus facilement par électro-raffinage en bains de sels fondus qu'en milieux aqueux.

2. Électro-raffinage en milieu aqueux.

Les produits cobaltifères sont choisis et coulés en anodes de compositions susceptibles de donner des résultats acceptables après raffinage électrolytique. Un exemple de composition acceptable renseignera une anode de type :

> 95% Co, <0,45% Ni, <0,05% Cu et < 1% Zn.

Le dépot est effectué sur une feuille de départ en cobalt obtenue par électro-obtention en milieu chloré pour en assurer un strippage aisé.

L'électroraffinage se fera dans un système aqueux soit sulfaté, soit chloré ou sulfaté-chloré.

Réactions anodiques

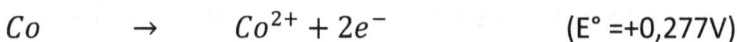

$$Co \quad \rightarrow \quad Co^{2+} + 2e^- \qquad (E° =+0,277V)$$

Le manganèse (E° =+1,19V), le zinc (E° =+0,763V) et le fer (E° =+0,44V) moins nobles que le cobalt passent en solution.

Le cuivre (E° =-0,34V), plus noble que le cobalt se retrouve en proportion dans l'anode si faible qu'il passe en solution mais cémente sur les particules de cobalt et se retrouve dans les boues d'électrolyse selon :

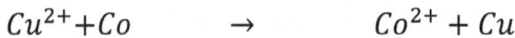

$$Cu^{2+}+Co \quad \rightarrow \quad Co^{2+} + Cu$$

Dans le cas où l'on a affaire à des proportions plus importantes de cuivre dans l'anode, compte tenu de potentiel de déposition du cuivre plus élevé, il y a risque de favoriser une déposition cathodique en compétition avec celle du cobalt. Il faudra recourir à son élimination progressive par sulfuration, par extraction par solvants par résines échangeuses d'ions.

La précipitation par sulfuration est la plus employée suite à sa facile mise en œuvre mais le point faible est la gestion des résidus et la coprécipitation du cobalt à valoriser.

Pour sa part, la creation d'émulsion lors de l'extraction par solvant, la floculation interfaciale et la génération de particules coalescentes (crud) diminue le rendement d'extraction.

L'extraction par résine échangeuse d'ions semble donner de meilleurs résultats compte-tenu de la faible proportion de cuivre à extraire, du moindre impact sanitaire et environnemental et de la faciliter de mise en oeuvre. L'utilisation de la résine se faisant essentiellement sur des systèmes chlorés ou mixtes par la formation du complexe $[CuCl_4]^{2-}$, il faudra une résine capable d'intéragir sur un système sulfaté.

Réactions cathodiques

$$Co^{2+} + 2e^- \qquad \rightarrow \qquad Co \qquad (E° = -0,277V)$$

3. <u>Électro-raffinage en bain de sels fondus.</u>

Des travaux ont été développés en laboratoires en bains de sels fondus pour arriver à obtenir un cobalt d'une pureté et d'une ductilité acceptable.

Ce n'est pas à proprement parlé un électro-raffinage car le cobalt à affiner vient du bain entre un creuset de carbone vitrifié servant d'anode et une cathode de platine.

Le processus étant électriquement activé, ce mode de purification du cobalt est appelé électro-raffinage.

Le raffinage est mené dans un électrolyseur scellé sous-atmosphère d'argon.

Le milieu réactionnel est constitué de :

Mélange équimolaire *NaCl - KCl* contenant 20 wt% $K_2TiF_6 + CoCl_2$ $(ou\ Co)$

Conditions opératoires :

Densité de courant cathodique initiale : $0.2 - 0.7\ A.\,Cm^{-2}$

Température variant entre 973 – 1123 °K – chauffage résistif hors du creuset.

Réactions en présence :

Oxidation du cobalt avec formation du complexe $CoCl_4^{2-}$:

$$2Ti^{4+} + Co \quad \rightarrow \quad 2Ti^{3+} + Co^{2+}$$

Réduction cathodique du cobalt :

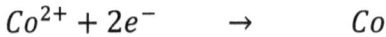

$$Co^{2+} + 2e^- \quad \rightarrow \quad Co$$

A des densités de courant dépassant le courant limite de diffusion, il y a production de Co_3Ti.

La densité de courant limite déterminée par :[1]

$$ilim. = k.\,C_{Co(II)}$$

avec k constante limitant la diffusion

$C_{Co(II)}$ concentration en cobalt

La dépendance de la constante k au courant limite peut être définie selon :

$$k = A.\,10^{-B/T}$$

avec les constantes A et B

Des deux équations précédentes on obtient :

$$i lim. = A. 10^{-B/T}. C_{Co(II)}$$

Cette relation est justifiée par un cœfficient de corrélation de $R^2 = 0,984$.

La relation empirique répond à :

$$i lim. = 13,5. 10^{-2064/T}. C_{Co(II)}$$

Le courant limite de diffusion dépend de la température du milieu réactionnel et de la concentration en cobalt.

Le titane reste d'ailleurs l'impureté majeure lors de ce raffinage alors que les autres impuretés interstitielles sont sensiblement réduites.

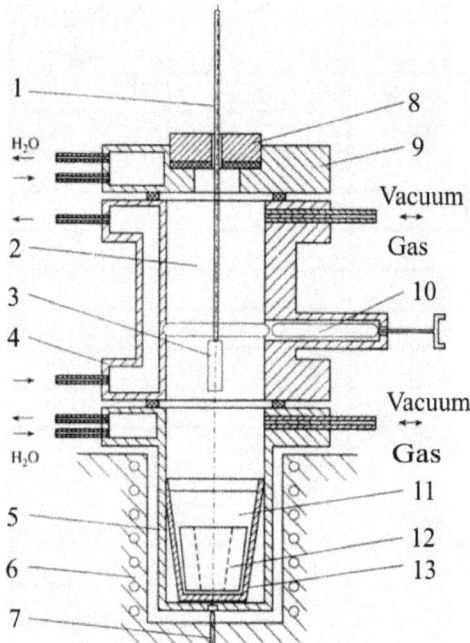

Figure 63 – Electrolyseur pour bain de sels fondus NaCl – KCl – K₂TiF₆.

1. Borne cathodique
2. Chambre étanche
3. Cathode
4. Enveloppe supérieure
5. Enveloppe inférieure
6. Refroidisseur
7. Borne anodique
8. Obturateur supérieur
9. Disque isolant
10. Bouchon
11. Matière à électro-raffiner (électrolyte)
12. Matière à électro-raffiner diffusant à travers un diaphragme
13. Creuset en carbone

Tableau 22 – Qualité en impuretés avant et après électro-raffinage en bain de sels fondus NaCl – KCl – K$_2$TiF$_6$ à 1023°K, J=0.4A.Cm^{-2}.[1]

Impuretés	Teneurs en impuretés, ppm		Cœfficient de purification
	Initial	Final	
Mn	1000	<10	>100
Mg	30	<10	>3
Si	1000	10	100
Fe	3000	100	30
Al	1000	10	100
Mo	10	<3	>3
Ti	100	300-1000	0.1 – 0.3
Cu	300	<1	>300
Ni	5000	100	50
Ca	300	<30	>10
Ba	300	<10	>30
Zn	100	<30	>3
C	400	≤ 10	≥40
N$_2$	200	<3	>67
O$_2$	2000	10	200
H$_2$	500	<10	>50

4. Bibliographie

[1]-S. Kuznetsov et al., notes personnelles : Electrochemical Behaviour and Electrorefining of Cobalt in NaCl – KCl – K_2TiF_6.

[2]-Wang Shijie, Cobalt – Its Recovery, Recycling and application, JOM, 58(10) (2006), pp.47-50.

[3]-Wen Jun-jie et al., Deep removal of copper from cobalt sulfate electrolyte by ion-exchange, Transactions of Nonferrous Metals Society of China, 20 (2010) 1534-1540.

VIII.Pyrométallurgie et traitement des sources secondaires

1. Introduction

Par opposition au métal nouveau, celui provenant directement de l'extraction miniere, on entend par source secondaire le métal recyclé. Celui-ci constitue une source non négligeable permettant de ralentir l'épuisement des sources minérales. De nombreux gouvernements ont déjà mis en œuvre des mécanismes de financement par les acheteurs d'appareils, de batterie ou piles qui contribuent directement au développement et à l'effectivité du recyclage.

Pour la voie pyrométallurgique classique, les minerais oxydés de cobalt subissent une réduction carbothermique au four électrique pour obtenir un alliage blanc dont le cobalt est extrait par affinage par voie aqueuse.

Le minerai après ajout de coke (10 % de la masse du minerai) et de fondant ($CaCO_3$) est réduit au four électrique. La consommation d'énergie est de 12 000 à 13 500 kWh/t de Co contenu.

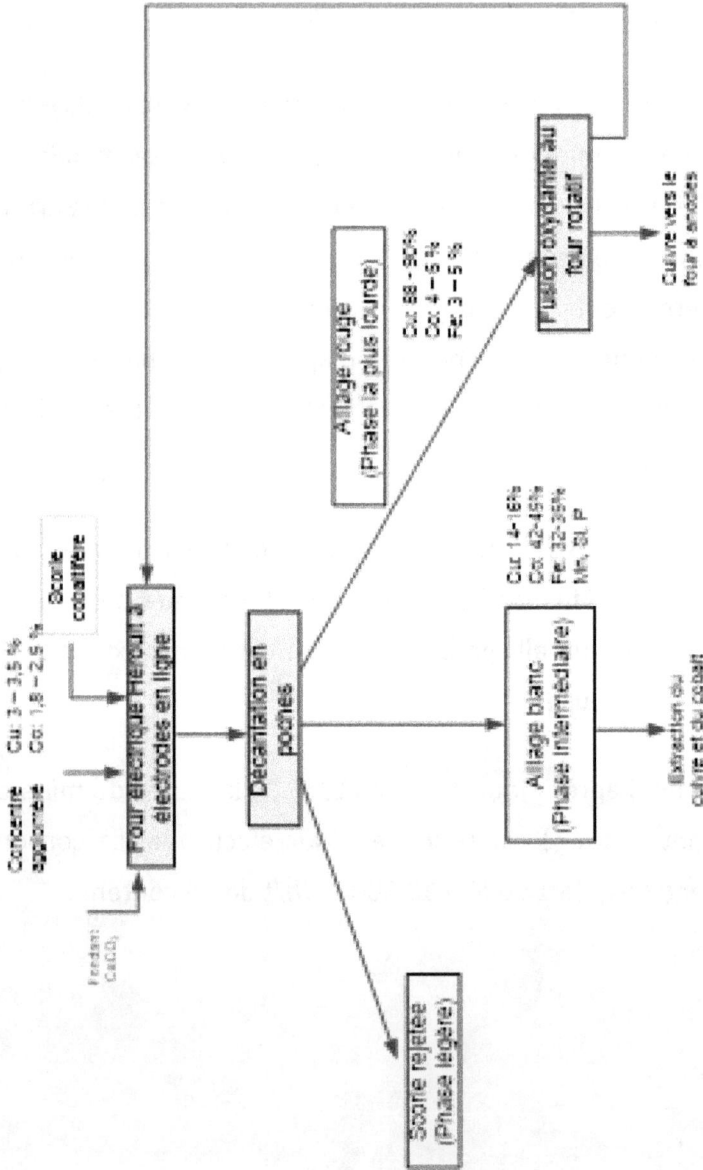

Figure 64 – Pyrométallurgie d'un concentré cupro-cobaltifère – Gécamines-RDC.

On obtient une scorie contenant 15 % de Co qui est recyclée, une phase métallique à deux alliages cuivre-cobalt-fer d'autant plus qu'on travaille en milieux faiblement oxydants séparés à la coulée par leurs différences de densités.

Pour des raisons énergétiques, il arrive que l'on passe par une étape de sulfuration lorsque l'on ne dispose pas de sources sulfurées. C'est le cas pour les procédés plus récents. Les fours Ausmelt lors du traitement des alliages et des scories permettent de meilleurs contrôles thermiques et une marche dans divers domaines dont le domaine hautement réducteur pour arriver à des rejets de l'ordre de 0,1% en cobalt. Le cuivre, le nickel et parfois le fer, quand la teneur de la scorie est inférieure à 0,2% (en fer), sont réduits en fonction du milieu réactionnel.

Les réactions principales sont :

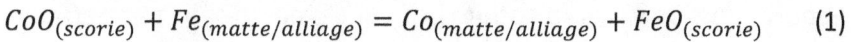

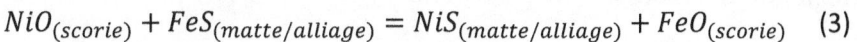

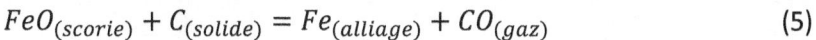

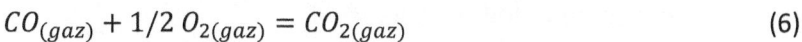

$$CoO_{(scorie)} + Fe_{(matte/alliage)} = Co_{(matte/alliage)} + FeO_{(scorie)} \qquad (1)$$

$$CoO_{(scorie)} + FeS_{(matte/alliage)} = CoS_{(matte/alliage)} + FeO_{(scorie)} \quad (2)$$

$$NiO_{(scorie)} + FeS_{(matte/alliage)} = NiS_{(matte/alliage)} + FeO_{(scorie)} \quad (3)$$

$$2CuO_{(slag)} + FeS_{(matte/alliage)} = Cu_2S_{(matte/alliage)} + FeO_{(scorie)} + 1/2\,O_{2(gaz)} \; (4)$$

$$FeO_{(scorie)} + C_{(solide)} = Fe_{(alliage)} + CO_{(gaz)} \qquad\qquad (5)$$

$$CO_{(gaz)} + 1/2\,O_{2(gaz)} = CO_{2(gaz)} \qquad\qquad (6)$$

Apport d'agent sulfurant

L'apport d'agent sulfurant tels que la pyrite permet :

233

- L'extraction des métaux non-ferreux de la scorie.
- La diminution de la température du liquidus de la phase cobaltique correspondante.
- La production d'une matte plus importante surtout dans le cas d'une faible présence en métal recherché facilitant la séparation phase métallique-scorie.
- La production de matte lorsque cela est recherché pour des traitements ultérieurs.

La proportion de pyrite enfournée atteint 20% et la réduction de cette proportion par rapport au poids de la matte enfournée se traduit par des marches à allures plus élevées et des difficultés croissantes dans la séparaton des phases métal-scorie.

Apport en fondants

L'apport en fondants a pour but une marche à température acceptable (1 300-1 400°C) pour la bonne tenue des réfractaires et une amélioraton de la fluidité du milieu réactionnel pour des meilleurs réactivités.

La proportion de fondants est de l'ordre de 9-14% en poids de la charge.

Losque l'on peut opérer à hautes températures, il va de soi que l'on peut réduire la proportion de fondants.

Cœfficient de répartition

La répartion du cobalt entre la phase métallique et la scorie est déterminée par les réactions d'échange (1) et (2), les conditions opératoires, le caractère réducteur du milieu, l'apport en soufre de la matte.

Ce cœfficient est décrit en fonction du pourcentage en poids :

$$C = \frac{\%Co_{(matte)} \cdot \%Fe_{(scorie)}}{\%Co_{(scorie)} \cdot \%Fe_{(matte)}}$$

De la voie classique, l'alliage "blanc" est le moins dense et contient jusqu'à 42 % Co, 15 % Cu, 39 % Fe. L'alliage le plus dense, le "rouge" contient 89 % Cu, 4 % Co, 4 % Fe. Le cobalt de ce dernier alliage est récupéré lors des opérations de métallurgie du cuivre par voie aqueuse.

Les minerais de cobalt cupro-nickélifères ainsi que les latérites nickélifères passent par une fusion pour matte et le cobalt suit le nickel dans sa matte qui sera broyée et lixiviée en milieu sulfurique avant de subir des étapes de purification et de séparation. La lixiviation ammoniacale peut être également utilisée.

Ces teneurs sont imposées par le diagramme binaire d'équilibre cobalt – cuivre qui montre que les solutions solides extrêmes n'excèdent pas 12 % cuivre dans le cobalt et 5,5% cobalt dans le cuivre.

Ces alliages étant issus de la pyrométallurgie, il est quelque peu mal aisé d'effectuer des séparations par cette voie d'où l'application des procédés hydrométallurgiques et électrométallurgiques.

Il existe ainsi de nombreux procédés hydrométallurgiques qui démarrent à partir de d'alliages blancs, d'alliages rouges ou de mattes *Cu-Co-Ni* qui sont activés par la présence d'oxydants tels que H_2O_2, Cl_2 et $NaClO$.

L'usage du chlore Cl_2, oxydant puissant, a l'inconvénient d'être fortement corrosif produisant des gaz considérés comme toxiques. Le même inconvénient est relevé lors de l'utilisation de l'hypochlorite de sodium qui en plus de la libération de Cl_2 libère du sodium avec tout les inconvénients toxiques liés à sa présence. Le péroxyde d'hydrogène quant à lui se décomposant lors de sa réaction d'oxydo-réduction exothermique en H_2O et O_2 sans effet toxique est par conséquent un oxydant particulièrement intéressant.

La décomposition électrochimique des alliages ne nécessite pas d'oxydants mais le taux de décomposition est parfois limité par rapport à des mises en solution par attaques acides ou acides et oxydantes.

Des observations sur les traitements ultérieurs de ces alliages sont présentées dans la suite de ce chapitre.

2. <u>Condition de vente des alliages de cobalt.</u>

Le cuivre n'est pris en compte lors de la vente qu'à partir de 30 % dans l'alliage blanc.

Co < 21 % = 34 % LMB (London Metal Bulletin)

21 % ≤ Co < 24 % = 39,55 % LMB

24 % ≤ Co < 27 % = 42,55 % LMB

27 % ≤ Co <30 % = 45 % LMB

30 % ≤ Co < 35 % = 49,55 % LMB

35 % ≤ Co <40 % = 52 % LMB

40 % ≤ Co   = 55 % LMB

Si Cu > 30 %   = 30 % LME

Si Fe > 30 %   = 0,25 % Co déduit pour chaque 1 % de fer excédentaire.

3.   Traitement de l'alliage rouge

3.1   *Raffinage électrolytique*

L'alliage rouge ou cuivre blister peut être coulé en anode et subir un électro-raffinage du cuivre en utilisant une solution de sulfate de cuivre comme électrolyte.

L'électrolyse doit se passer dans des conditions où la dissolution anodique est la plus complète possible, c'est-à-dire que l'on évitera les conditions passivant l'anode ou celles où la cathode est recouverte d'un composé indésirable.

Lors d'essais industriels, nous avons pu observer l'apparition d'une couche brune d'oxyde cobalteux CoO spongieuse lors d'une dissolution anodique dans des conditions de pH proche de la neutralité et pour une densité de courant d'environ 175 A/m^2 en solution sulfatée de 30 g/l de cobalt. On doit travailler en milieux assez acide pour dissoudre CoO qui se formerait éventuellement mais pas trop acide car cela rendrait le métal déposé ductile et malléable.

La hausse progressive de la teneur en cuivre dans la solution nécessitera une saignée de purification.

3.2   *Saignée de purification*

Un décuivrage électrolytique va diminuer la teneur en cuivre de l'électrolyte. Les opérations à suivre se feront selon le schéma classique à savoir déferrage et décuivrage par élévation de pH à la chaux, dénickelage par complexion par des chélates suivi d'une distillation fractionnée à défaut d'une précipitation par cémentation sulfurante, un décobaltage par précipitation à la chaux (ou par extraction par solvant), une lixiviation suivie de l'électrolyse d'extraction du cobalt.

4.   Récupération du cuivre et du cobalt d'un alliage Cu-Co-Fe

La mixture produite lors de la lixiviation ammoniacale des alliages *Cu-Co-Fe* est traitée dans le but d'extraire le cuivre et le cobalt. Cette mixture, essentiellement composée de l'alliage $Co - Fe - (Cu)$ et $CoO.Fe_2O_3.xH_2O$, est dissoute dans HCl. Le fer est extrait de la solution par la précipitation de composés le contenant à l'aide d'ammoniaque concentré (réaction (4) ci-dessous). Le cuivre quant à lui est électrodéposé à partir de solutions qui sont acidifiées à cet effet avant d'être basifiées (alcalinisées) et de subir une série d'électrolyses dans le but de l'extraction du cobalt. Le cuivre et le cobalt ayant été entraînés lors de la précipitation du fer sont dissous par attaque sulfurique et l'élimination de fer est répétée. Le cuivre et le cobalt sont tous deux électrodéposés.

La composition de la mixture après lixiviation ammoniacale a montré différents comportements des composants de la matrice métallique de départ.[1]

—   Le cuivre est dissous d'une manière autocatalytique.

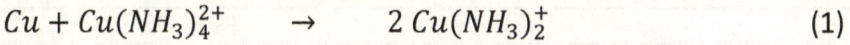

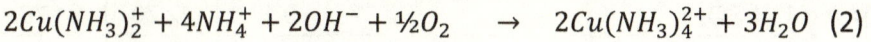

$$Cu + Cu(NH_3)_4^{2+} \quad \rightarrow \quad 2\,Cu(NH_3)_2^{+} \tag{1}$$

$$2Cu(NH_3)_2^{+} + 4NH_4^{+} + 2OH^{-} + \tfrac{1}{2}O_2 \quad \rightarrow \quad 2Cu(NH_3)_4^{2+} + 3H_2O \tag{2}$$

—   Dissolution du cobalt de l'alliage

$$2Co + 12NH_4^{+} + 1\tfrac{1}{2}O_2 \quad \rightarrow \quad 2Co(NH_3)_6^{3+} + 3H_2O + 6H^{+} \tag{3}$$

—   Le fer dissous est ensuite précipité comme un oxyde hydraté lors d'une réaction secondaire

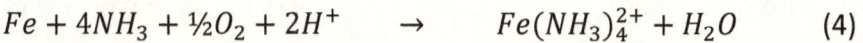

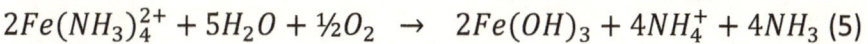

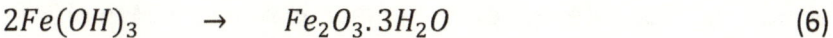

$$Fe + 4NH_3 + \tfrac{1}{2}O_2 + 2H^{+} \quad \rightarrow \quad Fe(NH_3)_4^{2+} + H_2O \tag{4}$$

$$2Fe(NH_3)_4^{2+} + 5H_2O + \tfrac{1}{2}O_2 \quad \rightarrow \quad 2Fe(OH)_3 + 4NH_4^{+} + 4NH_3 \tag{5}$$

$$2Fe(OH)_3 \quad \rightarrow \quad Fe_2O_3.3H_2O \tag{6}$$

5.   <u>Lixiviation de l'alliage blanc</u>

L'alliage blanc, essentiellement, est composé de *Cu*, *Co* et *Fe* associés à d'autres impuretés. La stabilité physico-chimique de cette solution solide fait qu'il est particulièrement difficile de le dissoudre complètement par une attaque acide seulement, que cela soit par l'acide sulfurique ou l'acide chlorhydrique. Seuls quelques métaux élémentaires et les phases oxydées sont mis en solution. L'ajout de H_2O_2 à un effet évident sur l'oxydation et la mise en solution des métaux de l'alliage. Cela a été confirmé par les travaux de Wentang Xia et al.[14] (Tableau 23)

Tableau 23 – *Résultats de tests de lixiviation de l'alliage blanc dans différents milieux réactionnels.* [14]

Solution d'attaque	Extraction (%)		
	Cu	Fe	Co
4 mol/L H_2SO_4	3,17	42,73	34,76
4 mol/L H_2SO_4 +1.85 mL H_2O_2/g d'alliage	95,90	73,85	76,50
4 mol/HCl	62,05	48,39	43,09
4 mol/L H_{Cl} +1.85 mL H_2O_2/g d'alliage	97,65	87,60	89,04

La concentration de H_2O_2 est de 30%.

Le Tableau 23 permet de montrer la différence de la capacité réactionnelle de H_2SO_4 par rapport à HCl et l'impact de H_2O_2 sur la capacité d'extraction. L'acide chlorhydrique est un acide oxydant et puissant. (Figure 65-b)

Le contrôle de HCl a montré que dans les conditions des tests effectués, sa réactivité est pratiquement maximale à 4 mol/L et l'augmentation de sa concentration à plus de 5 mol/L n'avait qu'un impact mineur sur l'extraction mais par contre avait l'inconvénient de former un gel de silice, phénomène n'apparaissant pas à de basses concentrations en acide. (Figure 65-a)

L'effet de l'attaque de l'alliage blanc à de températures variées a montré qu'il y avait amélioration de l'extraction des trois métaux *Cu*, *Co* et *Fe* avec une prédominance pour *Cu* et *Co*. Toutefois déjà à 30°C, des extractions de plus de 96% pouvaient être réalisées et le fait de travailler en milieu excessivement chaud facilitait l'apparution de gel de silice, phénomène limitant la capacité de séparation des métaux. (Figure 65-c)

Au delà de la demi-heure, le temps de lixiviation n'a pas d'effet majeur sur l'extraction. (Figure 66-a)

La dimension des particules a un impact majeur car cela détermine la surface réactionnelle. Plus les particules sont petites, plus la surface réactionnelle est grande. (Figure 66-b)

Un rapport Liquide/Solide grand favorise l'extraction suite à la disponibilité de l'agent lixiviant. (Figure 66-c)

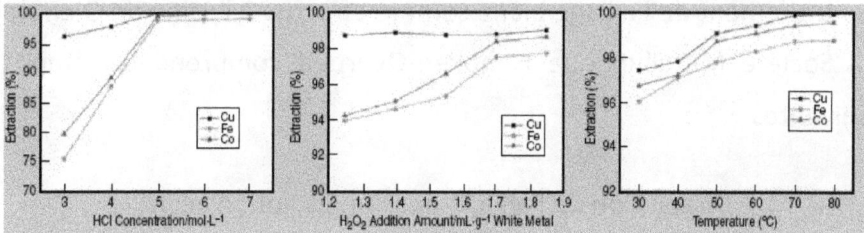

- Extractions en fonction de la concentration en *HCl*   (a)
- Extractions en fonction de la concentration en H_2O_2 (b)
- Extractions en fonction de la température   (c) .[14]

Figure 65 – Extractions Cu, Co et Fe en fonction de HCl, H_2O_2 et de la température.

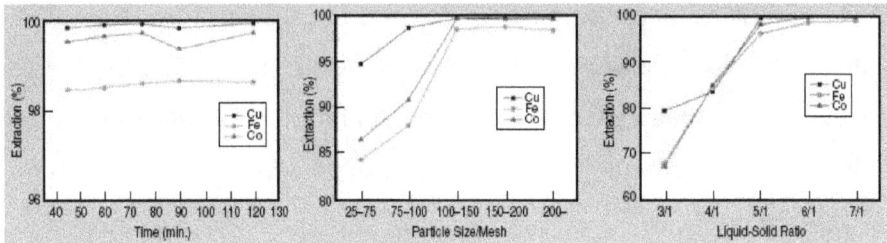

– Extractions en fonction du temps	(a)
– Extractions en fonction de la dimension des particules	(b)
– Extractions du rapport Liquide/Solide	(c) .[14]

Figure 66 – Extractions Cu, Co et Fe en fonction du temps, de la dimension des particules et du rapport liquide/solide.

6. Traitement de l'alliage blanc

Cas de la métallurgie Hoboken-Overpelt

Le traitement de l'alliage blanc comme effectué à l'usine de Olen de la Société Métallurgique Hoboken-Overpelt comprend les étapes suivantes [13]:

1.° Dissolution de l'alliage dans une solution acide.

2.° Purification de la solution.

3.° Précipitation du cobalt comme carbonate.

4.° Calcination du carbonate de cobalt.

5.° Purification de l'oxyde résultant.

6.° Réduction carbothermique de l'oxyde.

L'alliage blanc est chauffé au rouge (900 à 1000°C), domaine dans lequel il est plus fragile, et réduit en morceaux dans un broyeur à mâchoires. Cette fragmentation pouvant s'avérer très difficile, il est plus avantageux de couler l'alliage en particules les plus petites possibles.

Les fragments sont attaqués avec une solution d'acide diluée (± 35 g/l H_2SO_4) pour dissoudre le cobalt et le fer sans le cuivre. Ce dernier, retiré mécaniquement, doit être renvoyé à la fusion pour cuivre ou va servir à la production de sulfate de cuivre.

Dans certaines usines, le cuivre mis en solution est précipité par cémentation à la limaille de fer.

La solution de lixiviation contient environ 98% du cobalt de l'alliage, 10 g/l de fer et 3 g/l de cuivre. Le fer est oxydé dans une tour par barbotage d'air à l'étage III, le pH ensuite ajusté à 3,5 avec du lait de chaux pour précipiter l'hydrate de fer et l'écarter sous-forme de $Fe(OH)_3 + Fe_2(SO_4)_3$.

Le pH est augmenté à 5,5 pour précipiter le cuivre avec le fer résiduaire sous-forme d'hydroxyde fer $Fe(OH)_3$ avec un peu de lait de chaux $Ca(OH)_2$. Une proportion de 10 à 14% de cobalt est précipitée. La solution déferrée et décuivrée est filtrée. Le résidu est renvoyé à la première étape de précipitation.

La précipitation de MnO_2 est effectuée en oxydant le milieu avec l'hypochlorite de sodium $NaClO$.

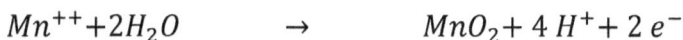

$$Mn^{++} + 2H_2O \quad \rightarrow \quad MnO_2 + 4H^+ + 2e^-$$

$$2\,HClO + 2H^+ + 2\,e^- \quad \rightarrow \quad Cl_2 + 2H_2O$$

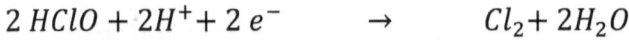

Un premier ajout de carbonate de sodium permet de précipiter le carbonate de cobalt (insoluble dans l'eau et dans l'alcool) et ce dernier est récupéré.

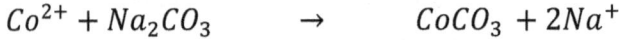

$$Co^{2+} + Na_2CO_3 \quad \rightarrow \quad CoCO_3 + 2Na^+$$

Le précipité est en fait $2CoCO_3.\,3Co(OH)_2$

Un deuxième ajout de carbonate de cobalt permet d'atteindre un pH de 8,4 mais le produit obtenu est impur et il servira à la neutralisation à l'étape de mise en solution. Le carbonate de cobalt est un produit commercialisable et il contient de 45 à 47 % de cobalt.

Le carbonate de cobalt est calciné à 780 °C pour donner l'oxyde cobalteux :

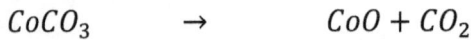

$$CoCO_3 \quad \rightarrow \quad CoO + CO_2$$

L'oxyde obtenu contient 75% à 78,65 % de cobalt. Il peut s'oxyder superficiellement ou en profondeur selon la température en Co_3O_4. Il peut être vendu comme tel ou subir une réduction soit carbothermique à 1000 °C dans un four tournant chauffé soit au mazout ou au charbon pulvérisé, soit par l'hydrogène à 300 °C. On obtient un cobalt à + 99% de pureté. Dans le second cas, le produit est poudreux.

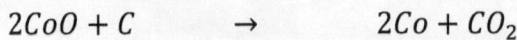

$$2CoO + C \quad \rightarrow \quad 2Co + CO_2$$

$$CoO + H_2 \quad \rightarrow \quad Co + H_2O$$

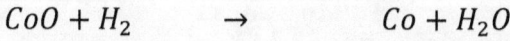

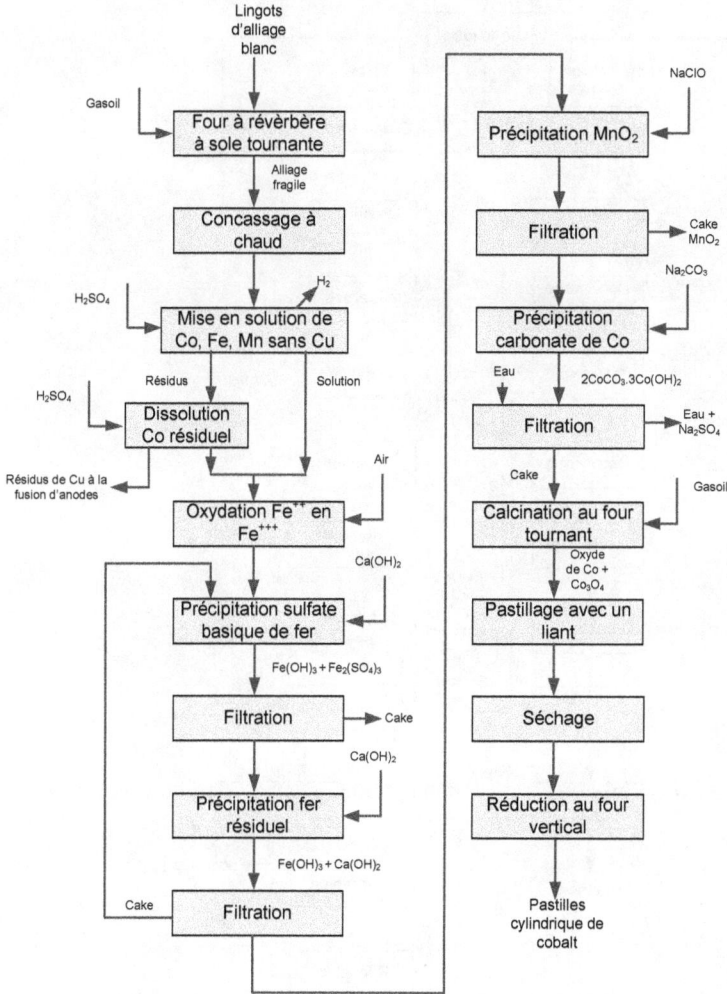

Figure 67 – Traitement de l'alliage blanc à Olen – Métallurgie Hoboken-Overpelt.

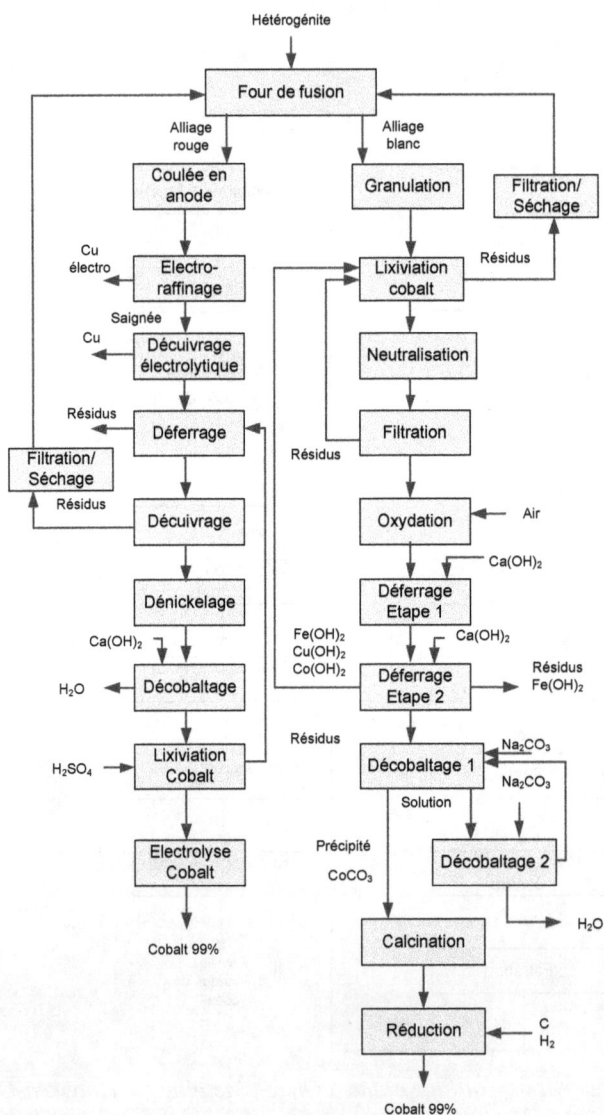

Figure 68 – Traitement des alliages rouges et blancs de cobalt.

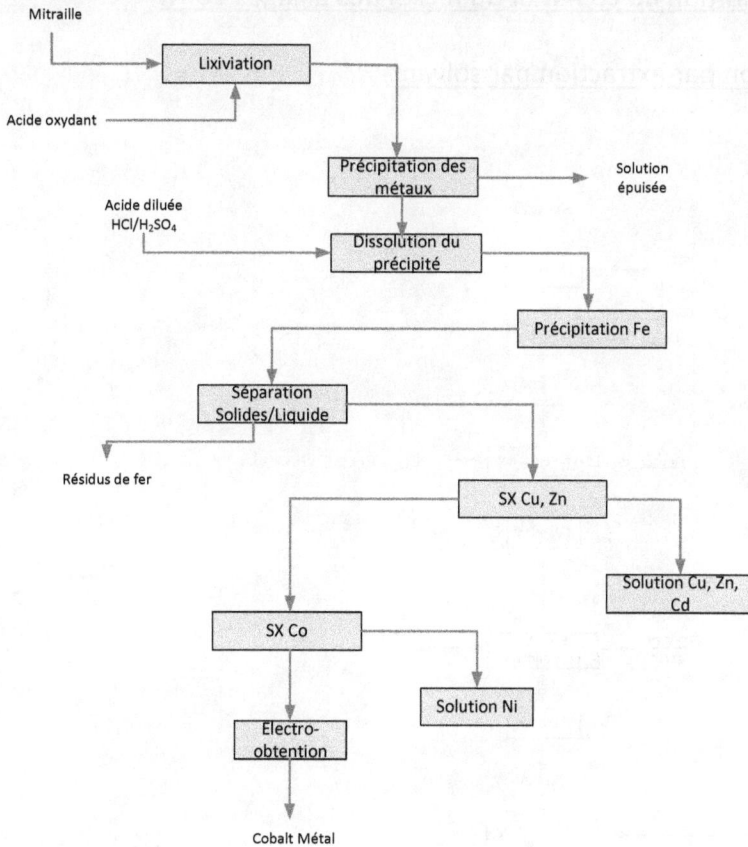

Figure 69 – Récupération de cobalt à partir de mitrailles.

7.   Séparation du cobalt et du nickel des alliages Co-Ni

Séparation par extraction par solvant

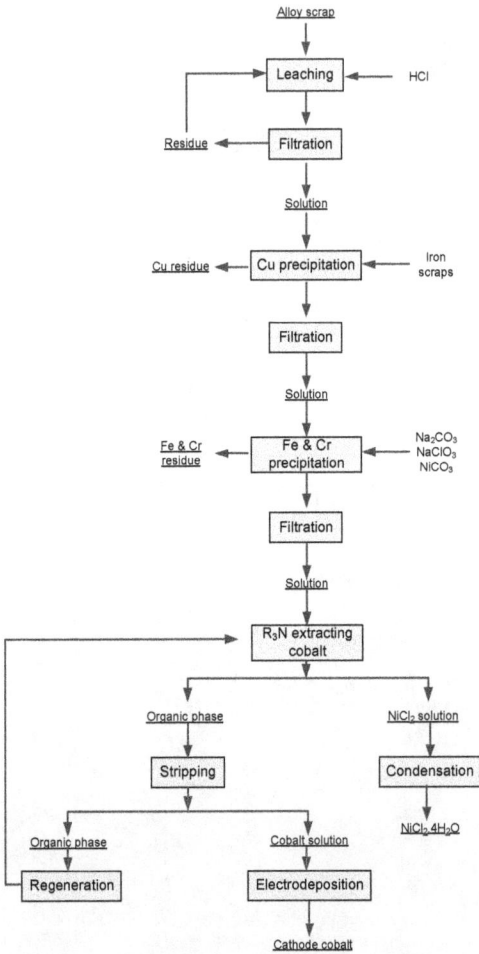

Figure 70 – Extraction de Co et Ni à partir de déchets d'alliages par HCl et SX.

Les mattes subissent le même traitement lors duquel l'agent lixiviant peut être du chlore à la place de l'acide chlorhydrique.

Séparation par lixiviation sélective

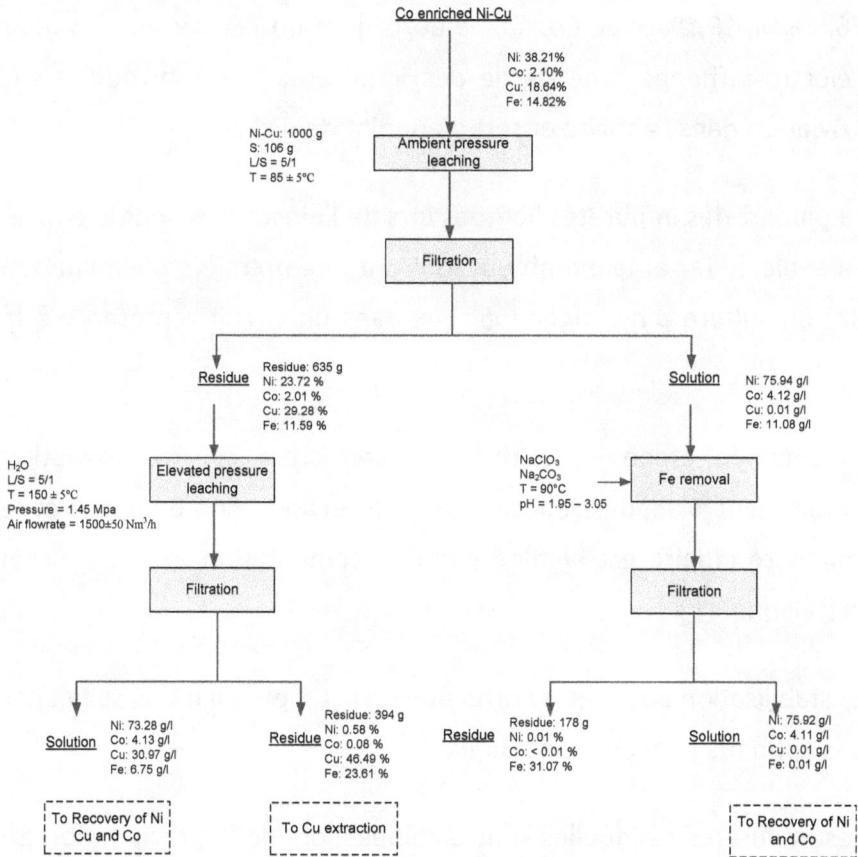

Figure 71 – Récupération sélective du nickel et du cobalt d'une matte Ni-Cu riche en cobalt par lixiviation à contre-courant en deux étages.

Electro-purification d'une matte de nickel

La matte de Thompson Nickel Refinery (Canada) est composée de 76,5% *Ni*, 19,1% *S*, de *Co*, *Cu*, *Fe* et *As* dont on fait des anodes pour l'électro-raffinage. Une partie des impuretés a été introduite par lixiviation dans l'anolyte et sert d'appoint de nickel.

La plupart des impuretés libérées lors de l'électrolyse sont le cuivre, l'arsenic, le fer et le plomb qui subiront une première d'élimination par du sulfure d'hydrogène gazeux dans un circuit représenté à la Figure 72.

La seconde étape de purification consistera en une lixiviation notamment d'anodes rebutées pour la récupération du nickel et le cobalt résiduaire est éliminé par une cémentation avec du nickel métallique.

La stabilisation du pH et la correction de la teneur en nickel se fait par des appoints de nickel métallique.

Les impuretés résiduelles sont éliminées lors de la précipitation du cobalt en présence de Cl_2 et Na_2CO_3 (contrôle du pH à 3,7).

La récupération du cobalt débute à partir du précipité de cobalt obtenu dans la seconde étape de purification.

Le cobalt est mis en solution avec le nickel en présence d'acide sulfurique et de dioxyde de soufre à pH 2,5 afin de maintenir la majeure proportion de fer dans les résidus solides (réaction (6)). Le fer ayant été toutefois mis en solution sera précipité avec le gâteau de la précipitation initiale de cobalt (réaction (7)) et le fer résiduaire sera précipité en présence de carbonate de sodium et cette réaction sera facilitée par la présence d'hypoclorite de sodium $NaClO$ comme oxydant à pH 3,5 et un mileu au potentiel de 440 mV (*Ag/AgCl*) (réaction (8)).

L'élimination du fer sera suivie de celle du cuivre en même temps que le zinc et le plomb par le sulfure de sodium Na_2S (réaction (9)). Les résidus de cette lixiviation seront traités thermiquement après filtration tandis la solution évolue vers le dénickelage.

Un premier dénickelage est effectué par réduction du pH vers 1,5 par l'acide sulfurique et un ajout de solution basique d'hypochlorite de sodium est effectué pour oxyder et précipîté sélectivement le cobalt par rapport au nickel (réaction (10)). L'ajout d'hypochlorite pour atteindre un pH entre 2,8 et 2,9 permet une bonne précipitation de cobalt tout en minimisant celle du nickel. Le précipité est lavé à l'eau chaude et subit la seconde étape de dénickelage.

Le rapport Co:Ni étant de 15-20 :1, le précipité subit une lixiviation acide pour tendre vers une solution à 30 g/l d'acide libre. Environ 80-90% du nickel est mis en solution contre 30 à 50% de cobalt (réaction (11)). Le pH est relevé à 1,5 – 2,0 avec l'hypochlorite de sodium permettant la précipitation de cobalt (réaction 10) pour obtenir un précipité final ayant un rapport Co:Ni de 100:1. Le précipité est lavé, séché et vendu tel quel.

Réactions mises en jeux :

$$2Co^{2+}_{(aq)} + Cl_{2(g)} + 6H_2O \rightarrow 2Co(OH)_{3(s)} + 6H^+_{(aq)} + 2Cl^-_{(aq)} \quad (1)$$

$$2Cu^{2+}_{(aq)} + 2Cl^-_{(aq)} + 2H_2O \rightarrow [CuCl_2.Cu(OH)_2]_{(s)} + 2H^+_{(aq)} \quad (2)$$

$$2AsO^{3-}_{3(aq)} + 2Fe^{2+}_{(aq)} + 3Cl_{2(g)} + 2H_2O_{(aq)} \rightarrow 2FeAsO_{4(s)} + 6Cl^-_{(aq)} + 4H^+_{(aq)} \quad (3)$$

$$2Fe^{2+}_{(aq)} + Cl_{2(g)} + 6H_2O \rightarrow 2Fe(OH)_{3(s)} + 6H^+_{(aq)} + 2Cl^-_{(aq)} \quad (4)$$

$$2Ni^{2+}_{(aq)} + Cl_{2(g)} + 6H_2O \rightarrow 2Ni(OH)_{3(s)} + 6H^+_{(aq)} + 2Cl^-_{(aq)} \quad (5)$$

$$2(Ni,Co)(OH)_{3(s)} + SO_{2(g)} + H_2SO_{4(aq)} \rightarrow 2(Ni,Co)SO_{4(aq)} + 4H_2O \quad (6)$$

$$Fe^{2+}_{(aq)} + (Ni,Co)(OH)_{3(s)} \rightarrow Fe(OH)_{3(s)} + (Ni,Co)^{2+}_{(aq)} \quad (7)$$

$$Fe^{2+}_{(aq)} + 2OCl^-_{(aq)} + Na_2CO_{3(aq)} \rightarrow Fe(OH)_{3(s)} + 2NaCl_{(aq)} + CO_{2(g)} \quad (8)$$

$$Cu/Pb/Zn^{2+}_{(aq)} + Na_2S_{(s)} \rightarrow Cu/Pb/ZnS_{(s)} + 2Na^+_{(aq)} \quad (9)$$

$$2Co^{2+}_{(aq)} + OCl^-_{(aq)} + 3H_2O \rightarrow 2CoO(OH)_{(s)} + 4H^+_{(aq)} + Cl^-_{(aq)} \quad (10)$$

$$4NiO(OH)_{(s)} + 4H_2SO_{4(aq)} \rightarrow 4NiSO_{4(aq)} + 6H_2O + O_{2(g)} \quad (11)$$

$$Ni^{2+}_{(aq)} + Na_2CO_{3(aq)} \rightarrow NiCO_{3(s)} + 2Na^+_{(aq)} \quad (12)$$

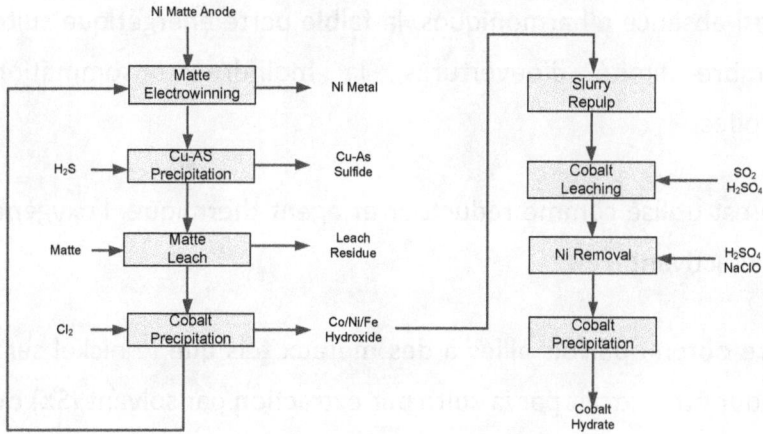

Figure 72 – Traitement électrolytique de matte de cobalt - Inco Thompson.

8. Récupération au four à arc du cobalt des scories

Traitement des scories Cu – Co - Zn

Le traitement des scories issues de la pyrométallurgie du cuivre est une source importante de métaux de base tels que le cuivre, le cobalt et le zinc.

Cette opération se passe généralement au four à arc à courant continu avec électrode hors du bain. Cette disposition évite que la composition du bain n'influence directement le chauffage résistif de la charge. Il existe toutefois pour des fours plus grands des dispositions triphasées avec électrodes immergées. Par le fait des températures plus élevées obtenues dans ce cas, la distribution de la température est parfois moins bonne que dans le cas des fours à arc continu monophasés où le courant passe à travers toute la charge du four (avec l'anode dans la sole).

253

Parmi les autres avantages des fours à arc monophasés continus, il y a la quasi-absence d'harmoniques, la faible perte énergétique suite au nombre limité d'ouvertures, la moindre consommation d'électrodes.

Le coke est utilisé comme réducteur et agent thermique, l'oxygène servant d'activant.

Le cuivre obtenu parfois alliés à des métaux tels que le nickel sera lixivié pour être extrait par la suite par extraction par solvant (SX) ou par des procédés conventionnels.

Le zinc est récupéré dans les gaz selon des techniques développées dans l'extraction pyrométallurgique du plomb et du zinc.[13]

Les réactions mises en jeu sont :

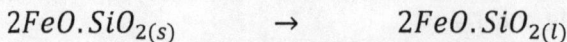

$$CoO_{(l)} + C_{(s)} \rightarrow Co_{(l)} + CO_{(g)}$$

$$FeO_{(l)} + C_{(s)} \rightarrow Fe_{(l)} + CO_{(g)}$$

$$Cu_2O_{(l)} + C_{(g)} \rightarrow 2Cu_{(l)} + CO_{(g)}$$

$$Cu_2S_{(s)} \rightarrow Cu_2S_{(l)}$$

$$Fe_{(l)} + S_{(l)} \rightarrow FeS_{(l)}$$

$$4S_{(l)} + 3Co_{(l)} \rightarrow Co_3S_{4(l)}$$

$$2FeO.SiO_{2(s)} \rightarrow 2FeO.SiO_{2(l)}$$

$$MgO_{(s)} \quad \rightarrow \quad MgO_{(l)}$$

Tableau 24 – Exemple d'analyses d'une unité de traitement de scorie de première fusion.

Alimentation									
Co	Cu	Zn	Pb	S	Fe	SiO2	Al2O3	MgO	CaO
2%	1.5%	7%	0.8%	0.8%	22.7%	30.7%	7.60%	6.1%	12.2%
Alliage									
Co		Cu		S		Fe		Zn	
19%		14%		4%		58.50%		1.60%	
Scorie									
CoO	FeO	SiO2	Al2O3	MgO	CaO	ZnO	PbO	CuO	S
0.3%	27.0%	37.5%	9.4%	7.5%	15.0%	2.0%	0.2%	0.2%	0.4%
Gaz (1200°C)									
CO		Zn		Pb		S			
68%		30%		1%		1%			

9. Traitement hydrométallurgiques des scories et alliages

Des unités de traitements existent pour la récupération par voie hydrométallurgiques des scories, résidus hydrométallurgiques et parfois des alliages.

La première étape consiste généralement en une mise en solution atmosphérique en présence d'acide sulfurique mais s'il existe des alliages, on combine aussi l'usage de l'acide chlorhydrique et l'acide nitrique.

Des solvants tels que D2EHPA, PC88A et Ionquest 801 sont utilisés pour la séparation des métaux en présence.

Le procédé COSAC (*CObalt from Slag and Copper as by-product*) développé pour Chambishi en Zambie consiste en une lixiviation sous-pression des alliages cupro-cobaltifères en présence d'oxygène.[9]

L'alliage atomisé et sous-forme de pulpe à 8% de solides est décanté pour obtenir une sous-verse à 70% pour être lixivié sous-pression en présence d'acide sulfurique et de solution de sulfate de cuivre. On doit minimiser la production d'hydrogène gazeux en favorisant la réaction d'attaque par le sulfate de cuivre (réaction (1) ci-dessous).

Les métaux introduits à la lixiviation contribuent à la cémentation du cuivre dont la lixiviation devra être facilitée en injectant de l'oxygène dans les réacteurs.

Ces réactions étant exothermiques, un maintien de température entre 130-150 °C est nécessaire.

Un contrôle de la pression dans les réacteurs est assuré autour de 8-10 bars par surpression d'oxygène.

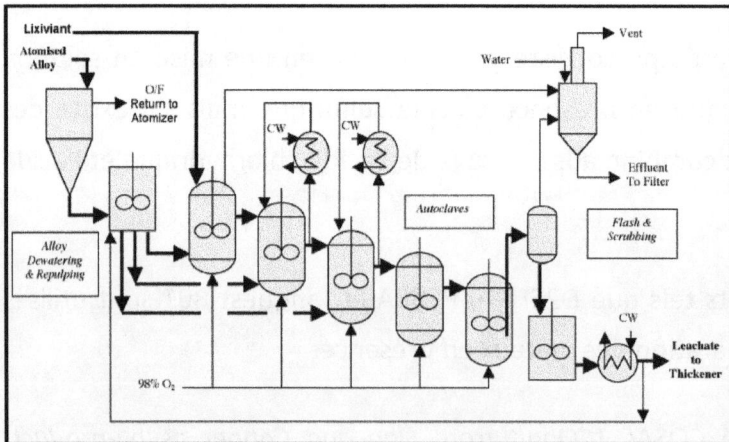

Figure 73 – Lixiviation de l'alliage de cobalt - Procédé Cosac – Chambishi.

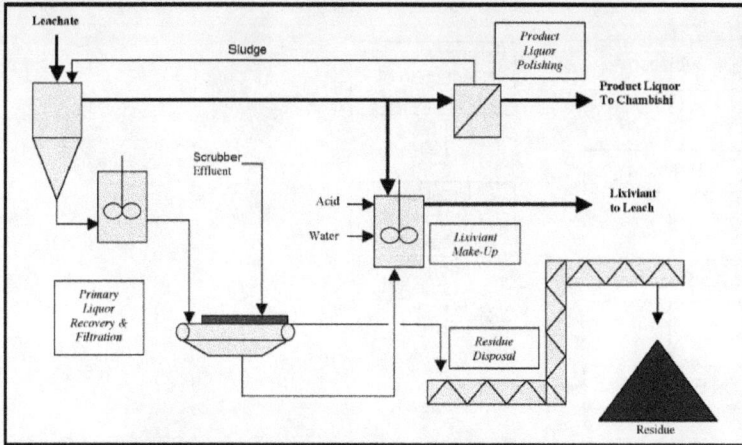

Figure 74 – Récupération du lixiviat - Procédé Cosac – Chambishi.

Les produits lixiviés sont réintroduits dans le flux du circuit conventionnel (grillage-lixiviation-électrolyse) de Chambishi tandis que les non-lixiviables sont écartés.

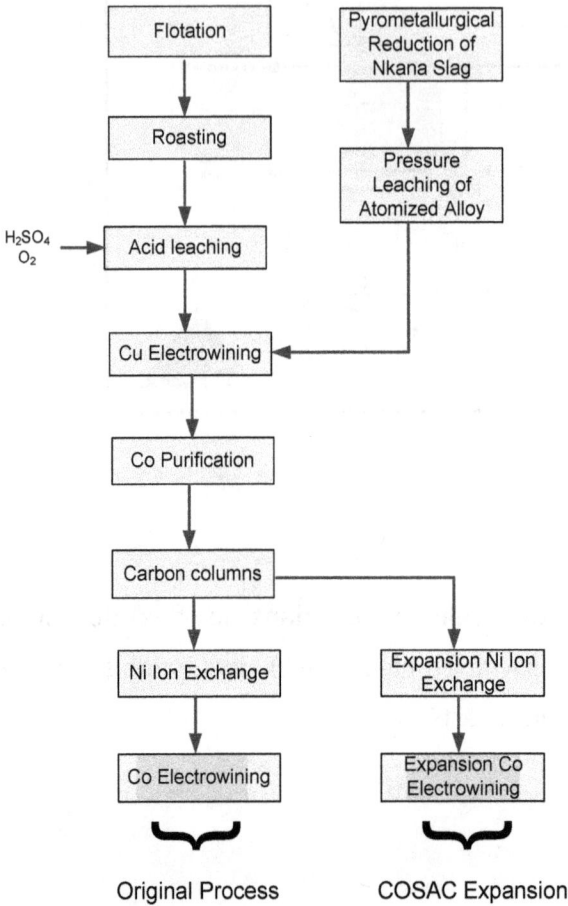

Figure 75 – Introduction du procédé Cosac à Chambishi.

Les réactions en jeu sont :

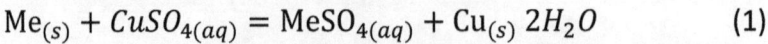

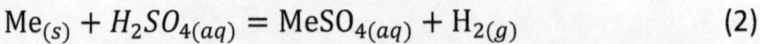

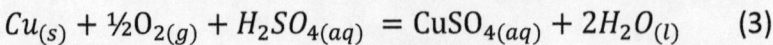

$$Me_{(s)} + CuSO_{4(aq)} = MeSO_{4(aq)} + Cu_{(s)} \, 2H_2O \qquad (1)$$

$$Me_{(s)} + H_2SO_{4(aq)} = MeSO_{4(aq)} + H_{2(g)} \qquad (2)$$

$$Cu_{(s)} + \tfrac{1}{2}O_{2(g)} + H_2SO_{4(aq)} = CuSO_{4(aq)} + 2H_2O_{(l)} \qquad (3)$$

$$2FeSO_{4(aq)} + \tfrac{1}{2}O_{2(g)} + H_2SO_{4(aq)} = Fe_2(SO_4)_{3(aq)} + H_2O_{(l)} \ (4)$$

$$Fe_2(SO_4)_{3(aq)} + 3H_2O_{(l)} = Fe_2O_{3(s)} + 3H_2SO_{4(aq)} \qquad (5)$$

$$Fe_2(SO_4)_{3(aq)} + 4H_2O_{(l)} = FeOOH_{(s)} + 3H_2SO_{4(aq)} \qquad (6)$$

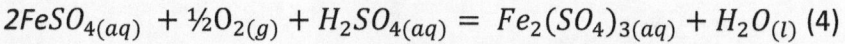

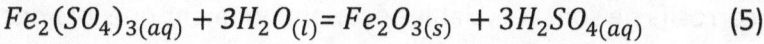

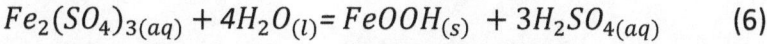

10. Recyclage du cobalt

Le cobalt dit secondaire concerne les rebuts des alliages, des super-alliages, des batteries, des catalyseurs et autres carbures cémentés. Le cobalt utilisé par exemple comme pigments, composants de pneumatiques, dans les matériaux céramiques, dans les dessicateurs de peintures sont considérés comme perdus après leur utilisation.

Les super-alliages génèrent de grandes proportions de déchets représentant près de 22% du cobalt utilisé dans de telles applications. Le tiers de ces rebuts sont recyclés dans la sidérurgie tandis que le reste sert d'alimentation d'unités de production de cobalt. L'industrie des super-alliages requérant du cobalt de haute pureté.

Pour les autres alliages ou d'aciers de coupe, 16% de leurs rebuts sont recyclés dans la production du cobalt et la production d'aciers comme des alliages a composition chimiques definies apres fusion.

Un tiers du cobalt utilisé dans les aciers dits durs provient du recyclage.

Pour le cobalt à usage catalytique, 90% se retrouve recyclé. Les catalyseurs à base de cobalt $(CoMn)$ utilisés dans l'industrie des textiles et des plastiques sont calcinés et recyclés dans la production de catalyseurs.

Les alliages CoMo utilisés dans le raffinage, l'hydrodésulfuration des pétroles corrosifs ne sont recyclables économiquement que lors des cours élevés du cobalt.

A l'heure actuelle, chaque année, près de 5 000 tonnes de cobalt des batteries des véhicules hybrides, des batteries de téléphones et d'ordinateurs, des calculatrices sont l'objet d'un recyclage orienté vers la production de cobalt et encouragé aussi par des raisons environnementales. Près de 1 200 tonnes de cobalt sont recyclées vers la production d'aciers tandis qu'environ 1 800 tonnes sont non recyclées.

Dans le domaine magnétique, les rebuts des $Al - Ni - Co$ sont recyclés en alliage $Ni - Co$ pour l'industrie des aciers.

L'intérêt économique du raffinage varie en fonction du cours du cobalt et des techniques appliquées.

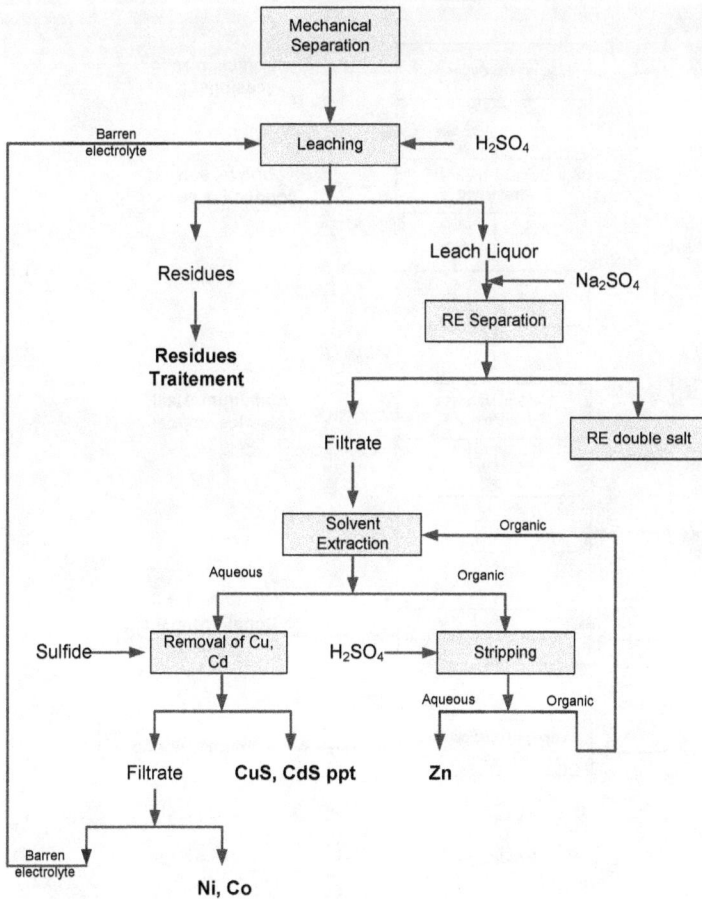

Figure 76 – Flow-sheet Hydrométallurgique de recyclage de piles Ni-MH (Yoshida et al., 1995).

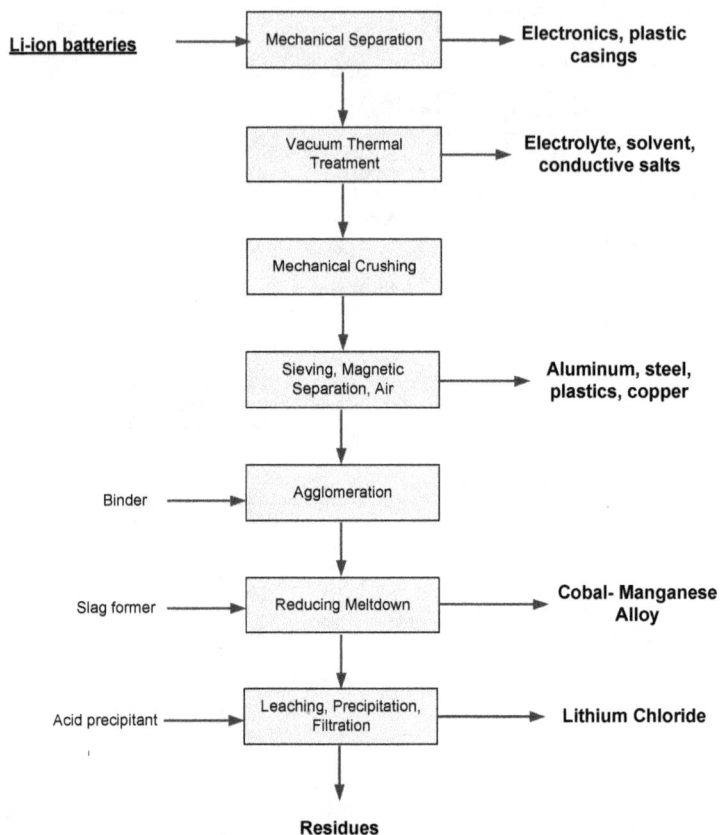

Figure 77 – Flow-sheet de traitement des batteries Li-ion (Accurec GmbH - Allemagne).

11. Bibliographie

[1]-L. Burzynska et al., Recovery of copper and cobalt from slime originated from amoniacal leaching of high copper Cu-Co-Fe alloy, Archives of Metallurgy and materials, Vol. 50, Issue 4, 2005, pp. 1027-1039.

[2]-Radhna P. Das, Recovering cobalt from secondary sources in India, JOM, October 1998, pp. 51-52.

[3]-V. Ekermo, Recycling opportunities for Li-ion batteries from hybrid electric vehicles, Thesis, Department of Chemical and Biological Engineering Industrial Materials Recycling, Göteborg, Sweden, 2009.

[4]-T.W. Ellis et al, Battery Recycling: defining the market and identifying the technology required to keep high value materials in the economy and out of the waste dump.

[5]-Gécamines, Direction Commerciale, Utilisations et marchés des métaux produits par la Gécamines, Réf. 25447/DCO, 1976.

[6]-M.J. Hawkins, Recovering cobalt from primary and secondary sources, JOM, October 1998, pp. 46-50.

[7]-P. Jebbink et al., Expanding the cobalt recovery circuit at the Thompson nickel refinery, JOM, October 2006, pp. 37-42.

[8]-R. Matusewicz et al., Using Ausmelt technology for the recovery of cobalt from smelter slags, JOM, October 1998, pp. 53-56.

[9]-E. Munnik et al., Development and implementation of a novel pressure leach process for the recovery of cobalt and copper at Chambishi, Zambia, the Journal of South African Institute of Mining and Metallurgy, January/February 2003.

[10]- R. Rumbu, Métallurgie extractive des non-ferreux– Pratiques industrielles, New Voices Publishing, Cape Town, RSA, 2010.

[11]- K. B. Shedd, Cobalt recycling in the United States in 1998, Reston-Virginia.

[12]- Y.F. Shen, Selective recovery of nickel and cobalt from cobalt-enriched Ni-Cu matte by two-stage counter-current leaching, Separation and Purification Technology 60 (2008) 113-119.

[13]- R. Winand, Cours de Métallurgie des non-ferreux, Université Libre de Bruxelles, 1970.

[14]- W. Xia et al., Extracting Cu, Co and Fe from white alloy with HCl by adding H_2O_2, JOM, November 2010, pp. 49-52.

IX. Usages du cobalt

1. Introduction.

Le cobalt initialement utilisé depuis des temps reculés pour la teinture des textiles, du verre et des émaux, il trouve son utilisation actuelle dans de nombreuses applications, les domaines de l'environnement, de l'industrie, dans la technologie de pointe, médicale et stratégique.

La déposition électrolytique du cobalt n'ayant eu lieu qu'à partir du début des années 1840, l'usage de ce métal resta encore longtemps dans le domaine de la teinte des textiles jusque pratiquement au 20ième sciècle. La production de cobalt vers les années 1910 est reportée comme étant de l'ordre de 500 tonnes dont environ 80% était sous-forme d'oxyde.[5]

Le développement des stellites (marque déposées de Deloro Stellite Company), aciers à base d'alliages chrome-cobalt et cobalt-chrome-tungstène au début des années 1910 par l'américain Elwood Haynes ont lancé l'usage et par conséquent la production de ce métal. Les autres applications ont participé à la croisssance de la production qui a été pratiquement multipliée par 1000.

Environ 55% du cobalt produits est utilisé à l'état métallique et 45% est destiné à des usages chimiques.

L'apparition de nouvelles utilisations vers la fin du 20ième siècle et parfois l'apparition de matériaux de substitution montrent une évolution dans la répartition de l'usage du cobalt comme décrit dans Figure 78 et Figure 79.[5]

Les périodes de fambées de prix du cobalt et lors des pénuries, au début des années 1980 en particuliers, ont poussé les grands consommateurs à en réduire l'usage, voir y trouver de nombreux substituts. Cela s'est souvent soldé par des pertes de performances.

Parmis les substituts potentiels, on peut citer :

- les ferrites de baryum ou de strontium dans les aciers à haute dureté ;
- les alliages néodium-fer-bore pour les amaints ou les alliages nickel-fer ;
- le nickel, les cermets ou autres céramiques pour les outils de coupe ou les outils résistants à l'usure;
- les alliages à base de nickel ou les céramiques pour les moteurs d'avions;
- le nickel dans les procédés catalytiques en pétrochimie;
- le rhodium dans l'hydroformylation catalytique ou procédé oxo (voie de synthèse pour produire des aldéhydes);
- le nickel ou le manganèse dans les accumulateurs d'énergie électriques (piles et batteries);
- le manganèse, le fer, le cérium ou le zirconium dans les peintures.

Les usages du cobalt sous formes de composés sont nombreux. Certains ont été cités dans le chapitre relatif à la production de sels (Chapitre V).

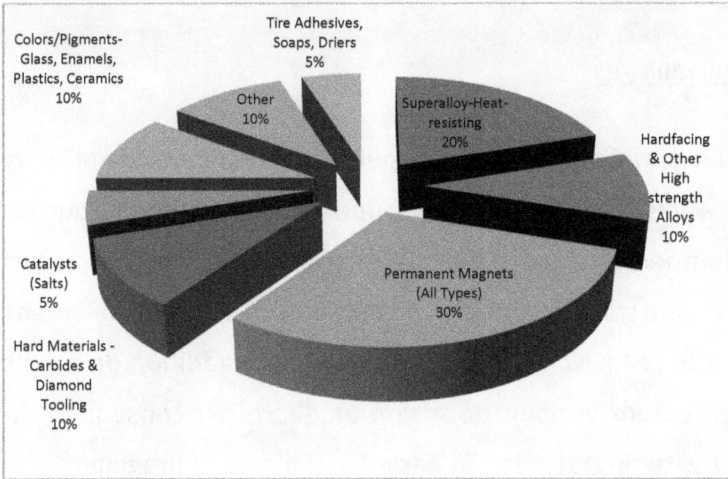

Figure 78 – Usage du Cobalt par secteur en 1970.

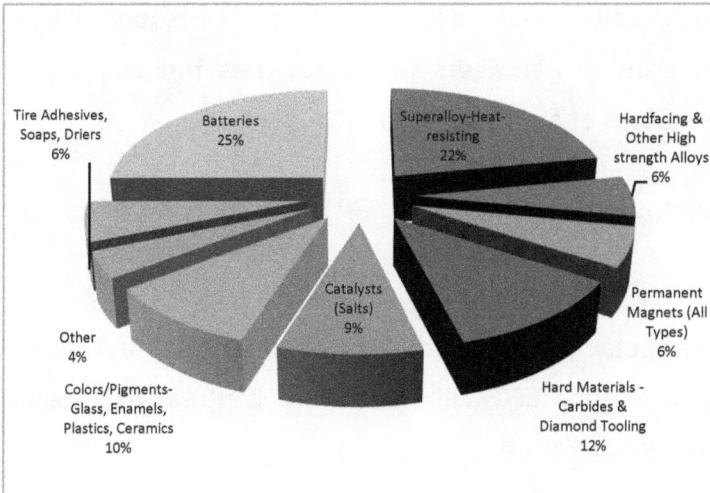

Figure 79 – Usage du Cobalt par secteur en 2007.

267

2. Les super-alliages

Les super-alliages communément appellé stellites sont des alliages réfractaires à base d'éléments du groupe VIIA développés pour un usage à températures élevées requiérant une bonne tenue mécanique et une stabilité de l'état de surface. Ce sont normalement des alliages à base *Cr-Ni*, de fer dans lesquels une addition de cobalt tout en augmentant le point de fusion améliore par conséquent la tenue à hautes températures. On parle aussi d'acier maraging.

C'est la fabrication des réacteurs en aéronautique en particulier qui a été la base du développement des super-alliages. Ces super-alliages se retrouvent dans des moteurs de fusées, des turbines à gaz, centrales thermiques et autres engins motorisés.

Exemple de composition : *Co: 30 %, Cr: 20 %, Ni: 20 %, Fe: 14 %, Mo: 10 %, W: 5 %.*

Les alliages réfractaires sont endurcis par une précipitation de carbure dans la matrice CFC (cubique à face centrée) de l'alliage stabilisé à basse température.

Le chrome apporte une résistance à la corrosion tandis que les autres éléments d'alliages (*W, Mo, Ta, Nb, Zr, Hf* et carbures) apportent de la ténacité.

On produit aussi des alliages à faibles cœfficient de dilatation connus sous le nom de super-invar. Ils ont des applications en électronique, dans les dispositifs hermétiques des systèmes variant de -55 à 55°C.

Les alliages à base de cobalt ont les avantages suivants :

– Plus haut point de fusion que les alliages à base de nickel permettant de subir des contraintes à hautes températures.
– Grâce à la présence de chrome, résistance particulière à la corrosion à hautes températures, à la corrosion par des gaz chauds et aux impacts.
– Meilleur résistance à la fatigue et bonne soudabilité.

Le remplacement du cobalt dans l'industrie aéronautique n'est plus envisagé compte-tenu de ses performances mais si cela devrait arriver, cela serait dû à des avancées technologiques.

Les super-alliages nécessitent une grande pureté. L'usage d'alliages multi-cristaux risquant des emprisonnements d'impuretés exclu l'usage de certaines production de la R.D.C. (ex-Gécamines) et de la Zambie (ex-Z.C.C.M.) contenant du zinc et du plomb. Les productions russes quoique polluées par des teneurs élevées en fer, nickel et silice sont adaptés à cet usage.

Des séries d'alliages ont été développées par l'Union Minère du Haut-Katanga qui a donné le jour à la Gécamines en R.D.C.. Il s'agit des alliages Fe-Co dits Umco tel que Umco 50 (à 50% Co, 28% Cr, 22% Fe). C'est un alliage particulièrement résistant à la corrosion acide, résistant aux chocs et à l'usure et soudable. Il est utilisé pour des pièces et autres matériel en milieu industriel.

Tableau 25 – Fonctions des éléments d'alliages dans les superalliages à base de cobalt.[3]

	Nickel	Chromium	Tungsten	Ti, Zr, Cb, Ta	C
Principal function	Austenite stabiliser	Surface stability + carbide former	Solid-Solution Strength	MC Formers	Carbide Formation
Problems (in excess)	Lowers corrosion resistance	Forms TCP Phases	Forms TCP Phases	Harms surface stability	Decreases Stability
Examples					
X-40	10	25	7.5	-	0.45
MM-509	10	24	7	3.5 Ta, 0.5 Zr, 0.2 Ti	0.60
L-605	10	20	15	-	0.10
HS-188	22	22	14	-	0.08

Tableau 26 – Alliages à base de cobalt.

	Co	Cr	Ni	W	Mo	C	Fe	B	Autres
Stellite 1	50	33	-	13		2.5			
Stellite 3	52	30		13		2.4		0.1	
Stellite 4	53	31	≤3.0	14		≤1.0	≤3.0		
Stellite 6	66	26	≤3.0	5		1	≤3.0		
Stellite 7	66	26		5		0.4			
Stellite 8 (F75)	63	30			6	0.2			
Stellite 12	59	29	≤3.0	9		1.8	≤2.0		
Stellite 19	52	31	≤3.0	10.5		1.7	≤3.0		
Stellite 20	45	33		18		2.5			
Stellite 21	60	27	≤2.5		5.5	0.25	≤3.0	0.005	
Stellite 23	65	25	1.5	5		0.4	≤2.0		
Stellite 25 (L605)	52	20	10	15		≤0.15	≤2.0		
Stellite 30	50	26	15		6	≤0.45	≤2.0		
Stellite 31 (X40)	56	25	10	7		0.3			
Stellite X45	56	25	10.5	7.5	≤0.5	≤0.3	≤2.0	0.015	
Stellite 100	43	34		19		2			
Stellite 151	65	20	≤1.0	13		0.5	≤2.0	0.05	
Stellite 188	37	22	22	14		0.1	≤3.0		1.25 Mn
WI-52 (PWA 653)	63	21	≤1.0	11		≤0.45	1.5		2.0 Nb
S 816	44	20	20	4	4	0.35	≤5.0		4.0 Nb
Elgiloy	40	20	15		7	0.15	17		0.04 Be
Umco 50 (HS 150)	50	28				0.12	20		0.75 Si, 0.5 Mn
Umco 51	48	28					20		2.0 Nb, 0.7 Si
HS Star J	41	32.5	≤2.5	17.5		2.4	3		
MAR M-302	57	21.5		10					9 Ta , 0.2 Zr
MAR M-322	60	21.5		9		1			5.5 Ta, 2.25 Zr 0.75 Ti
MAR M-509	50	21.5	10	7			1		3.5 Ta 0.5 Zr 0.2 Ti
MAR M-918	50	20	20			0.05	0.5		7.5 Ta 0.1 Zr
FSX 414	48	30	10.5	7		≤0.3	≤1.5	0.015	
MP35N	35	20	35		10				

271

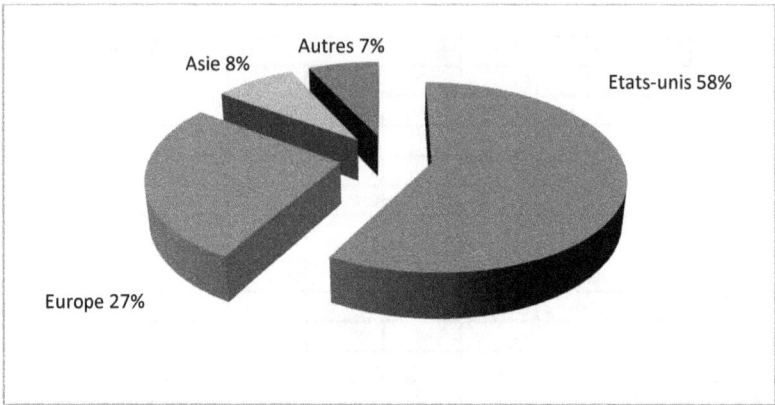

Figure 80 – Consommation de super-alliages de cobalt par région.

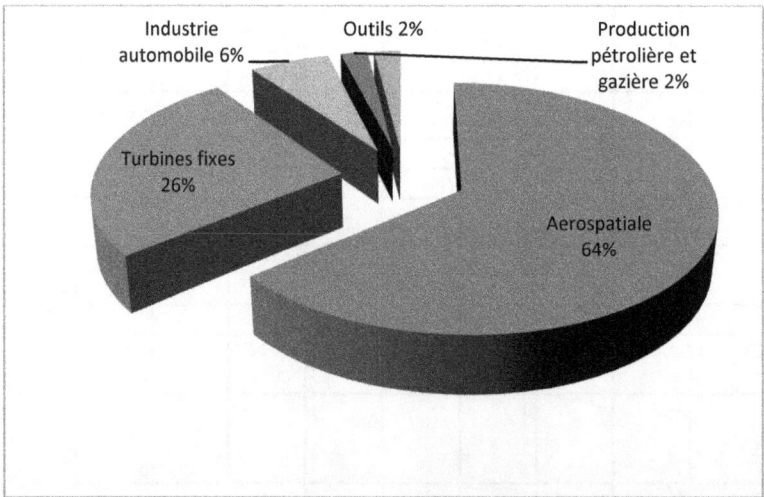

Figure 81 – Consommation de super-alliages par type d'industrie.

3. <u>Les alliages résistants à l'usure</u>

<u>Les outils de coupe.</u>

Les meilleurs et les plus récents outils de coupe contiennent du cobalt. Les aciers de coupe rapide contiennent comme éléments d'addition des carbures favorisant leur dureté, leur tenacité à hautes températures, leur résistance à l'usure et l'apport du cobalt est l'amélioration de la résistance à hautes températures.

La structure des outils de coupe en aciers est un élément d'importance et il est souhaité d'avoir une distribution régulière de carbure dans la matrice.

Les alliages de type ASP faits selon les principes atomisation-pression isostatique à froid – sinter – pression isostatique à chaud – et usinage sont les meilleurs et contiennent jusqu'à 8-10% de cobalt.

Ces alliages sont obtenus par métallurgie des poudres qui a l'avantage d'obtenir un produit plus homogène étant donné que la ségrégation inhérente à tout processus de solidification se fait dans chaque gouttelette avec moins d'impact qu'une ségrégation se faisant dans un lingot de dimension normale. Le processus se poursuit en unissant les éléments poudreux entre eux par frittage.

Le rôle du cobalt est fort important tant à l'élaboration qu'à l'usage de l'outil. Lors de l'élaboration de l'acier de coupe, le cobalt est dissous dans la matrice de ferrite ou d'austénite le rendant plus tenace à hautes températures. Lors du processus thermique de dissolution des carbures, le cobalt empêche la formation de gros grains rendant l'acier apte à être utilisé à hautes températures. Lors de la trempe, les particules carburées précipitent dans la matrice et le cobalt joue alors le rôle d'inhibiteur de coalescence. Toutes ces particularités font que ces outils de coupes sont extrêment performants à hautes températures.

Les outils de coupes cémentés étant à l'origine des outils hautement carburés, ces derniers étant trop fragiles, il leur a été substitué des outils à base de tungstène et de molybdène et des développements ultérieurs leurs ont substitués par la suite du carbure de tungstène broyé mêlé à du cobalt, le cobalt jouant le rôle de liant meilleur que le nickel.

Les performances dans les aciers d'un liant bon comme le cobalt sont :

- Un haut point de fusion – cobalt : 1493°C.
- Une ténacité à haute température.
- La formation d'une phase liquide avec le carbure de tungstène WC à une bonne température.
- La dissolution de WC – le cobalt forme un eutectique vers 1275°C/1350°C et permet la dissolution de 10% de WC.
- La précipitation de WC aux joints de grains lors du refroidissement.
- La fragmentation du liant pour se mêler aux carbures plus grossiers.

Exemples d'outils de coupe :

- Outils de coupe carburés : alliages frittés de carbure de tungstène dans une matrice de cobalt, exemple : WC : 88 %, Co: 12 % selon la formulation $WC - Co - TiC - TiN$.
- Outils de coupe du groupe de la stellite qui sont des alliages de cobalt , de tungstène, de chrome et de molybdène comme constituants principaux résistants à l'usure, aux hautes températures, aux impacts et à la corrosion. Exemple de composition : 38-53% Co, 30-33% Cr, 10-20% W.

Les alliages durs à base de cobalt sont abondamment employés dans la robinetterie nucléaire et en particulier dans le circuit primaire des réacteurs à eau sous pression.

Les outils de coupe à base de cobalt sont aussi largement utilisés en diamanterie.

En général, pour l'alliage à 40-60% de cobalt et contenant du fer et du nickel, la présence en impuretés a moins d'impact. Ce qui autorise l'utilisation des productions russes et du copper belt africain (ex-Gécamines et ex-Z.C.C.M.).

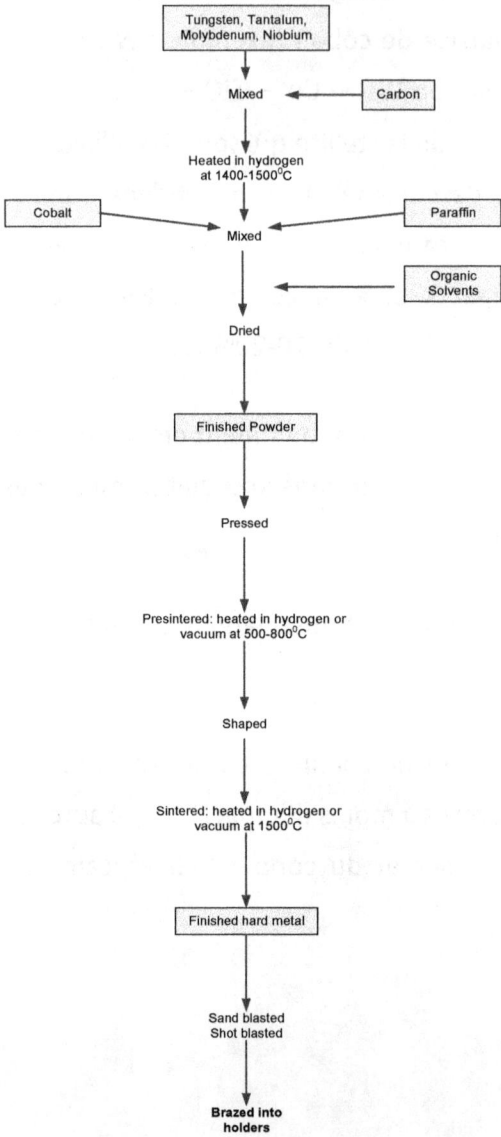

Figure 82 – Etapes de fabrication d'outils de coupe.

4. Revêtement pour aspersion thermique

Le cobalt est utilisé par aspersion pour la protection contre l'usure, la corrosion, l'oxydation, la fatigue et les chocs thermiques. Il sert aussi contre la conduction électrique, pour l'isolation, le contrôle de l'état de surface et l'étanchéité.

5. Plaquage électrolytique

L'intérêt du plaquage électrolytique est de pouvoir appliquer une couche de cobalt anti-corrosive résistant à hautes températures sur des pièces métalliques. Ces plaquages ont des applications dans l'industrie spaciale.

Le plaquage à base d'association *Co/Ni* et *Co/W* sont possibles.

Tableau 27 – Electrolytes et conditions opératoires du plaquage électrolytique. [2]

	Electrolyte	Temeur [gpl]	pH	Temp [^{0}C]	J [A.m^2]
Sulfate de cobalt + acide borique	$CoSO_4.7H_2O$	332	1-4	20-50	50-500
	H_3BO_3	30			
Chlorure de cobalt + acide borique	$CoCl_2.6H_2O$	300	1-4	20-50	50-500
	H_3BO_3	30			
Sulfate ammonique de cobalt + acide borique	$Co(NH_4)_2(SO_4)_2.6H_2O$	200	5.2	25	100-300
	H_3BO_3	25			
Sulfamate de cobalt+ acide borique	$Co(SO_3NH_2)_2.4H_2O$	450		20-50	100-500
	$HCONH_2$	30			
Fluoborate de cobalt+ acide borique	CoB_2F_8	116-154	3.5	50	5.6
	H_3BO_3	15			

Des plaquages sont mis en œuvre aussi dans l'enregistrement magnétique.

Dans certains cas, on pratique tout simplement une électro-coloration à base de cobalt consistant tout simplement à colorer par plaquage.

Il faut noter qu'il existe aussi des plaquages chimiques pouvant être effectués aussi sur des substrats non métalliques à base de solutions *Co-P, Co-Ni-Re-Mn-P, Co-Br.*

6. Alliages magnétiques

Le cobalt a un point de curie exceptionnellement haut à 1121°C, température jusqu'à laquelle il garde ses particularités ferromagnétiques.

Dans un matériau ferromagnétique, c'est-à-dire ayant la propriété de s'aimanter très fortement sous l'effet d'un champ magnétique extérieur, la température de Curie ou point de Curie est la température T_C au-dessus de laquelle un matériau perd son aimantation spontanée. Au-dessus de cette température, le matériau est dans un état désordonné dit paramagnétique. Cette transition de phase est réversible ; le matériau retrouve son aimantation quand sa température redescend en dessous de la température de Curie.

L'hystérésis du cobalt fait de lui un aimant particulièrement intéressant. Un alliage de cobalt tel que l'Alnico (5 à 40% de cobalt associé à de l'aluminium et du nickel) est un aimant 25 fois plus puissant qu'un aimant ordinaire à l'acier.

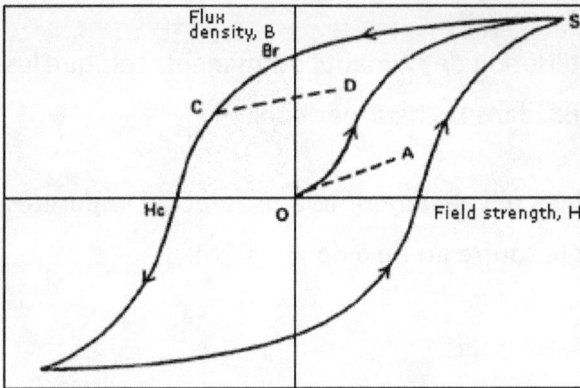

Figure 83 – Cycle d'hystérésis du cobalt.

Il existe d'autres composés à propriétés magnétiques exceptionnelles tels que $Co_5Sm, Co_5Z, Co_7Z_2, Co_{17}Z_2$ dans lesquels Z représente un métal des terres rares. Ils sont préparés en réduisant les oxydes avec du calcium tel que :

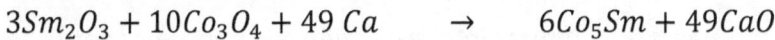

$$3Sm_2O_3 + 10Co_3O_4 + 49\,Ca \quad\rightarrow\quad 6Co_5Sm + 49CaO$$

Les aimants permanents (*Al-Ni-Co*, *Sm-Co*, *Pt-Co*), sont concurrencés par les aimants Fer-Néodyme-Bore ($Nd_2Fe_{14}B$). Il faut noter que dans le domaine magnétique, 70% du cobalt est utilisé dans la production des *Al-Ni-Co* tandis que 20% est utilisé dans les aimants Fer-Néodyme-Bore et les *Fe-Cr-Co*.

Les aimants au cobalt-samarium ont permis aux USA d'être à la pointe de la technologie des radars et des systèmes de communication. Ces systèmes sont utilisés essentiellement dans les avions de chasse, le guidage des missiles, les chars de combat, les sous-mains et autres navires de guerre.

Il existe une nouvelle utilisation des aimants permanents tels que les Alnico dans les freins ABS, dans les haut-parleurs.

Les aimants sont sensibles négativement à la présence d'impuretés telles que le carbone et le soufre au-delà de 200 PPM.

7. <u>Stockage d'énergie électrique</u>

Une des applications les plus récentes est la fabrication de batteries dites Lithium-ion pour les ordinateurs portables, les téléphones cellulaires, les appareils photographiques et caméras numériques ainsi que les véhicules hydrides.

Le cobalt est un élémént essentiel des nouvelles générations de batteries Li-ion. On le trouve dans quasiment toutes ces batteries. S'il n'en est pas le composant essentiel, il en améliore le fonctionnement.

Dans ce domaine, la batterie $LiCoO_2$ est en concurrence sérieuses avec les batteries $LiFePO_4$, $Li(NiCoMn)O_2$, $Li(NiCo)O_2$, et $LiMn_2O_4$ auxquelles ont peut ajouter les recherches en cours pour celles du type Li_2MSiO_4 où M peut être un métal de transition (comme le cobalt) ou le fer. L'utilisation du stockage d'énergie consomme près de 5% de la production annuelle de cobalt.

Les batteries à base de nickel *Ni-MH* ou à base de lithium *Li-ion* contiennent dans leur électrode négative (anode) de 3 à 15% de cobalt. Du cobalt sous forme de poudre, d'oxyde ou d'hydroxyde est ajouté à la cathode pour en augmenter la conductivité électrique.

Les raisons de la compétition entre les différentes compositions sont d'ordres techniques, économiques et sécuritaires. Il ne faut pas oublier les incendies subits des ordinateurs portables au milieu des années 2000.

Quelques comparaisons de batteries sont présentées ci-dessous.

Tableau 28 – Caractéristiques de différentes batteries.

Matériaux cathodiques	$LiCoO_2$	$LiMn_2O_4$	$Li(NiCoMn)O_2$	$LiFePO_4$
Capacité réversible (mAh/g)	140	100	150	145
Tension de fonctionnmenet (V)	3.7	3.8	3.6	3.2
Tension pleine charge (V)	4.25	4.35	4.3	4.2
Surtension de tolérance (V)	0.1	0.1	0.2	0.7
55^0C (durée de vie - cycles)	300	100	300	800
Coût spécifique (US\$/kg)	30	15	22	12
Energie massique (Wh/kg)	180	100	170	130

8. Usages catalytiques.

8.1 Catalyseurs

Le cobalt finement divisé associé au molybdène et l'alumine est utilisé comme catalyseur en chimie basé sur les valences multiples $Co^{2+} et\ Co^{3+}$, pour l'hydrogénation et pour la désulfuration du pétrole. Catalyseur dans le procédé Fischer-Tropsch de production de carburant de synthèse.

Le cobalt est ainsi utilisé dans la liquéfaction des gaz ou procédé GTL (GTL – Gas To Liquid) qui est constitué de 4 étapes :

– Purification du gaz,

– Reforming du gaz sous-forme de monoxyde de carbone et hydrogène,

- Synthèse Fischer-Tropsch,
- Hydrocraking.

Le cobalt sous forme de Co_3O_4, sert comme catalyseur dans la préparation d'alcools et d'aldéhydes.

8.2 *Les pots catalytiques*

L'oxyde de cobalt Co_3O_4 est utilisé comme catalyseur dans les pots d'échappements des véhicules (pots catalytiques) pour la combustion complète du monoxyde de carbone selon la réaction :

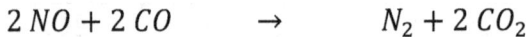

$$2\,NO + 2\,CO \qquad \rightarrow \qquad N_2 + 2\,CO_2$$

Le sulfure de cobalt-molybdène sur un support d'oxyde d'aluminium quant à lui catalyse la réaction :

$$CO + H_2O \qquad \rightarrow \qquad H_2 + 2\,CO_2$$

L'acétate de cobalt $Co(CH_3COO)_2.4H_2O$ est utilisé comme accélérateur pour la production de l'acide téréphtalique purifié (PTA), produit chimique intermédiaire pour la production de polyester.

9. Usages physico-chimiques

9.1 *Les diméthyltéréphthalates (DMT)*

Une utilisation majeure est la production de diméthyltéréphthalate (DMT) pour la production de polyéthylène téréphthalate (PET) pour les fibres en polyesther, les bandes d'enregistrement audio ou vidéo, pour les contenants, pour les emballages alimentaires, les rubans adhésifs, etc.

9.2   *Les colorants et peintures - Céramiques*

Les oxydes et les sels de cobalt ont un vaste champ d'application dans les domaines des peintures, colorants et autres siccatifs. Le domaine des colorants est d'ailleurs la première utilisation dès l'antiquité par les égyptiens, les perses, les romains et plus tard par les chinois ainsi que les verriers et céramistes européens avant que l'on puisse l'isoler au 18ème siècle. Les propriétés du cobalt ont ainsi été utilisées pour la fabrication de l'encre et des peintures.

Le cobalt est ainsi utilisé comme colorant ou décolorant des verres jaunis par la présence de contamination en fer par exemple et comme siccatif, sous forme de sels, dans les peintures, vernis et encres. Le cobalt est le meilleur dessicant pour peintures et encres de nos jours.

Les pigments sont généralement à base de d'oxydes et de sels décomposables tels que les sulfates calcinés vers 1100-1300°C et réduits en poudre et sont généralement utilisés en céramiques.

 Les céramiques ont une large gamme d'applications telles que des outils de coupe, des pièces utilisées en mécanique, des senseurs thermiques et des aimants.

Tableau 29 – Pigments à base de cobalt pour céramiques.[2]

	Composition (%Poids)								
	Co_3O_4	Cr_2O_3	Fe_2O_3	MnO_2	Al_2O_3	MgO	ZnO	SiO_2	$CaCO_3$
Bleu-violet	15.0								
Bleu mazarin	68.0							12	4
Encre de chine	33.3							16.7	50
Bleu foncé	44.6			55.4					
Bleu mat	20.0			60.0			20		
Bleu-vert	26.0	8.2		66.0					
Bleu foncé-vert	41.8	19.2		39.0					
Noir-bleu	11.3	43.3	45.4						
Noir	20.6	32.4	41.1						

9.3 *Cobalt comme adhésifs*

L'adhésion dont il est question est celle qui concerne un corps en caoutchouc ou en plastique et un corps métallique lors de son utilisation. C'est le cas des pneumatiques à carcasse radiale, le cas du caoutchouc et du métal des conducteurs électriques enrobés ou tout autre pièce enrobée ou protégée par du caoutchouc, des bandes transporteuses, etc.

On produit pour cela des complexes carboxylates (cobalt boron complex - CBC) afin d'améliorer l'adhérence acier-caoutchouc.

10. Usages médicaux

10.1 *Usages médicamenteux*

Des recherches médicales sont en cours pour son utilisation comme anti-cancérigène.

L'acétate de cobalt, l'oxyde de cobalt CoO servent de complément alimentaire. Les sels de cobalt sont utilisés comme oligo-éléments.

La vitamine B_{12} est utilisée pour compenser le manque de rétention de cobalt dans le corps humain.

10.2 *Instrumentation chirurgicale*

On utilise également le cobalt dans la fabrication d'instruments chirurgicaux en stellite.

Le cobalt est aussi utilisé pour la fabrication de lame de rasoir de sécurité.

10.3 *Les prothèses*

Certains alliages de cobalt à cœfficients de dilatation thermique nul et fortement bio-compatibles permettent leur utilisation dans le domaine prothésique.

Alliage $Co - Cr$ (stellites) utilisé pour réaliser des armatures de prothèses dentaires.

Composition selon les pourcentages en poids : *Co : 61,8-65,8 %, Cr : 23,7-25,7 %, Mo : 4,6-5,6%, W : 4,9-5,9 %, Si : 0,8-1,2%, Fe : 0,50% max., Mn : 0,10% max..*

On utilise des alliages de cobalt pour des prothèses de têtes de fémurs. A l'heure actuelle, 70% des prothèses utilisées sont à bas d'alliages Co-Cr et cela est en évolution croissante compte tenu du vieillissement de la population dans les nations développées. Le même alliage sert à remplacer le cartilage usé au niveau des articulations du genou.

Les productions de cobalt contenant de fortes teneurs en fer, de nickel et de tungstène par exemple ne peuvent pas être utilisées dans de telles applications. C'est le cas de certaines productions russes. Des productions de la R.D.C. (ex-Gécamines) ou de la Zambie (ex-Z.C.C.M.) faibles teneurs en zinc ou en plomb sont acceptées.

10.4 *Radiographie médicale et radiométrie*

Les sources de rayonnements gamma.

L'isotope artificiel ^{60}Co ou bombe au cobalt utilisé encore dans les pays peu dévelopés dans la radiographie thérapeutique est un émetteur puissant de rayons gamma ($t_{1/2}$=5,3 années). Il est beaucoup moins cher que le radium tout en ayant un rayonnement 25 fois plus important que celui-ci et il donne lieu à des dégradations de la peau moins sévères avec moins d'effets secondaires.

Certains isotopes ont des demi-vies significatives tel que décrit dans le *Tableau 30*.

Tableau 30 – Demi-vie de quelques isotopes de cobalt.

Isotope	Demi-vie
^{60}Co	5,3 années
^{57}Co	271,79 jours
^{56}Co	77,27 jours
^{58}Co	70,86 jours

Le ^{60}Co est préparé de manière synthétique dans un cyclotron selon la réaction :

$$^{59}_{27}Co + ^{1}_{0}n \rightarrow ^{60}_{27}Co$$

On a utilisé abondamment en radiothérapie externe le rayonnement gamma pour le traitement des cancers malins. Cette pratique n'existe plus dans des pays dévelopés.

On l'utilise encore pour la stérilisation d'instruments, pour la conservation d'aliments et comme marqueur en biologie.

La demi-vie du ^{60}Co exige son remplacement fréquent d'où sa substitution en radiothérapie par des accélérateurs linéaires.

^{57}Co est utilisé comme source de rayonnements de faible puissance et comme marqueur pour l'examen de Schilling (évaluation de la résorption de la vitamine B_{12}).

^{60}Co est aussi utilisé comme traceur.

Les rayonnements à base de cobalt 60 sont aussi utilisés pour la stérilisation des aliments (stérilisation à froid).

Il faut toutefois noter que le rayonnement gamma est utilisé également dans la radiographie industrielle pour la détection des défauts dans les métaux ou en radiométrie comme instruments de mesure (densimètres).

Tableau 31 – Propriétés radioactives pour isotopes de cobalt.

Isotope	Demie-vie	Activité spécifique (Ci/g)	Mode de désintégration	Energie de Radiation (MeV)		
				Alpha (α)	Beta (β)	Gamma (γ)
Co-57	270 jours	8,600	EC	-	0.019	0.13
Co-60	5.3 ans	1,100	β	-	0.097	2.5

Avec EC = electron capture, Ci= curie, g=gram et MeV=million electron volts.

L'utilisation du cobalt comme stabilisateur de mousse dans l'industrie brassicole (à 2PPM de cobalt) est proscrite depuis le début des années 1960 suite à l'apparition de cardiomyopathies ou la cardiomyopathie dite "du buveur de bière".

10.5 *Médecine vétérinaire et agriculture*

Les rôles du cobalt dans l'alimentation animale sont fort nombreux. L'usage de ces aliments a permis entre autre la diminution des lordoses et la production d'une laine de qualité dans les troupeaux de moutons.

L'oxyde de cobalt CoO sert d'additif dans les fertilisants.

10.6 *Purificateur*

Des pastilles Ag-Co sont utilisées comme bactéricides dans les systèmes de climatisation.

11. Armement – Bombe au cobalt

Ce type de bombe est appelé bombe salée ou bombe du jugement dernier. Elle a été développée depuis le début des années 1950. C'est une arme nucléaire construite sur le modèle fission-fusion-fission, mais l'enveloppe qui devrait servir à la seconde étape de fission est remplacée par un isotope non fissile destiné à capturer des neutrons et à produire un radio-isotope. Le but est de maximiser les retombées radioactives.

La bombe au cobalt est en mesure d'effacer toute forme de vie sur terre. Elle est conçue pour émettre après explosion un rayonnement gamma léthal de forte énergie et de longue durée, la demi-vie comme montré précédemment étant de plus de 5 années. (Voir Tableau 31).

Si sa puissance est faible, elle peut tuer par irradiation aiguë tout en minimisant les dégâts liés à la chaleur et au souffle ; elle serait donc équivalente à une bombe à neutrons sur un plus grand rayon d'action.

Cette bombe fait partie des armements non conventionnels et classés top-secret par ceux qui les détiennent.

12. Usages d'autres composés de cobalt

Il existe de nombreux composés de cobalt ayant leur utilisaton en chimie, dans le domaine pharmaceutique ou même en métallurgie.

Certains usages sont cités dans le Tableau 32.[2]

Tableau 32 – Usages de composés de cobalt.

Nom	Formule	Usages
(III) acétate	$Co(C_2H_2O_2)_3$	Catalyseur
(II) acétate	$Co(C_2H_2O_2)_2.4H_2O$	Seccatifs pour laques et vernis, catalyseurs, colorants
Acétylacetonate	$Co(C_5H_7O_2)_3$	Plaquage de cobalt par vaporisation
Aluminate	$CoAl_2O_4$	Affinage de grain pour alliages Ni/Co
Amino sulfonate	$Co(NH_2SO_3).3H_2O$	Electro-plaquage
Ammonium sulfateux	$CoSO_4(NH_4)_2SO_4.6H_2O$	Catalyseur, plaquage
(II) Orthoarsénate	$Co_3(AsO_4)_2.8H_2O$	Colorant pour peinture sur verre et porcelaine, colorant pour verre.
Sulpho-arséniure	$CoAsS$	
(II) Benzoate	$Co(C_7H_5O_2).4H_2O$	
boride	CoB	
(II) Bromate	$Co(BrO_3)_2.6H_2O$	
(II) Bromure	$CoBr_2$	Hydromètre, catalyseur por réactions organiques
(III) Bromure	$CoBr_3$	Hydromètre
Carbure	Co_4C	
Carbonate	$CoCO_3$	Pigments, céramiques, suppléments alimentaires, indicateurs thermométrique, catalyseur
(II) Hydroxy-carbonate	$2CoCO_3.Co(OH)_2.H_2O$	
Tetra-carbonyl	$[Co(CO)_4]_2$ ou $Co_2(CO)_8$	Catalyseur
Tri-carbonyl	$[Co(CO)_3]_4$ ou $Co_4(CO)_{12}$	Catalyseur
(II) Perchlorate	$Co(ClO_4)_2$	Réactif chimique
(II) Chlorure	$CoCl_2$	
(II) Chlorure hexahydraté	$CoCl_2.6H_2O$	Baromètres, hydromètres, absorbeurs de gaz et de NH_3, lubrifiant solide, plaquage électrolytique, préparation vitamine B12, catalyseur
(II) Chromate	$CoCrO_4$	Teinture pour céramiques
(II) Citrate	$Co_3(C_6H_5O_7)_2.2H_2O$	Préparation de vitamines
(II) Cyanure di-hydraté	$Co(CN)_2.2H_2O$	Catalyseur
Cyanure de potassium et de cobalt	$K_3Co(CN)_6$	Etudes sur les micro-ondes
(II) Ferri-cyanure	$Co_3[Fe(CN)_6]_2$	
(II) Ferro-cyanure	$Co_2Fe(CN)_6.xH_2O$	
Di-éthylène-damine tétra acétate de sodium et de cobalt	$CoNa_2(C_{10}H_{12}O_8N_2).H_2O$	Support d'agents chélatant, aérosol pour arbres
(II) Fluorure	CoF_2	Réactif chimique
(III) Fluorure	CoF_3	Réactif chimique
(II) Fluorure tétrahydraté	$CoF_2.4H_2O$	
Fluosilicate	$CoSiF_8.6H_2O$	
(II) Formate	$Co(CHO_2)_2.2H_2O$	

Nom	Formule	Usages
(II) Hydroxyde	$Co(OH)_2$	
(III) Hydroxyde	$Co_2O_3.3H_2O$	
(II) Iodure	CoI_2	Indicateur d'humidité
Linoléate	$Co(C_{18}H_{31}O_2)_2$	Siccatif pour peintures, vernis
Cobaltite de lithium	$LiCoO_2$	Céramiques
Naphténate	$[(CH2)nCOO]_2Co$	Siccatif pour peintures, vernis, adjuvant d'adhésion pour caoutchouc des pneus radiaux
(II) Nitrate	$Co(NO_3)_2.6H_2O$	Pigments, teintures pour cheveux, suppléments alimentaires, catalyseurs
Octoate	$Co(C_8H_{15}O_2)_2$	Siccatifs, blanchiment, catalyseur en pétro-chimie
Nitrosylcarbonyl	$Co(NO)(CO)_2$	
(II) Oleate	$Co(C_{18}H_{33}O_2)_2$	Siccatif pour peintures, vernis
(II) Oxalate	CoC_2O_4	Indicateurs thermiques, catalyseurs
(II) Oxyde	CoO	Décoration du verre, colorant et blanchiment, siccatifs
(II,III) Oxyde	Co_3O_4	Emaux, semi-conducteurs, disques à couper, couleurs, pigments, catalyseurs
(II) Orthophosphate hexahydraté	$Co_3(PO_4)_2.6H_2O$	Glazes, émaux, pigments, résines plastiques
Phosphure	Co_2P	
Nitrite de cobalt et de potassium	$K_3Co(NO_2)_6.1½H_2O$	Colorant pour l'eau et huiles, peintures, colorant pour caoutchouc
Resinate	$Co(C_{44}H_{62}O_4)_2$	Seccatif pour peintures, émaux, vernis, catalyseur
Stéarate	$Co(C_{10}H_{35}O_2)_2$	Seccatif, adhésif pour pneumatiques
Succinate	$Co(C_4H_4O_4).4H_2O$	Préparation de la vitamine, agent thérapeutique
Sulfure (mono)	CoS	Catalyseur pour hydrogenation ou desulfuration
Sulphate hepta-hydraté	$CoSO4.7H2O$	Pigments pour porcelaine, electro-plating, suppléments alimentaires, catalyseurs, batteries, seccatifs pour encres.

13. Bibliographie

[1]-Argonne National Laboratory, EVS, Human Health Fact Sheet, August 2005

[2]-Cobalt Development Institute, Cobalt Facts, 2006

[3]-Cobalt Development Institute, Cobalt Facts, 2007

[4]-Gécamines, Direction Commerciale, Utilisations et marchés des métaux produits par la Gécamines, Réf. 25447/DCO, 1976.

[5]-E. Peek et al., Technical and business considerations of cobalt hydrometallurgy, JOM, 61(10) (2009), pp. 43-53.

[6]-Prasad M. S., Production of copper and cobalt at Gecamines-Zaïre, Minerals Engineering, Vol. 2, N°4, 1989, pp. 521-541.

[7]-R. Rumbu, Métallurgie extractive des non-ferreux– Pratiques industrielles, New Voices Publishing, Cape Town, RSA, 2010.

Le cobalt, métal assez peu connu, entre dans la plupart des alliages ayant leur utilité allant de l'aéronautique civile ou militaire, aux outils de coupe tout en passant par les peintures, les aimants, les disques compactes, les bandes audio et vidéo, les batteries des voitures hybrides, des téléphones, des ordinateurs portables et des simulateurs cardiaques. Toutes les voitures, tous les camions, quasiment tous les véhicules automoteurs contiennent leur part de cobalt. On voit bien que tout homme ou femme depuis plusieurs décennies est grand consommateur de cobalt.

Actuellement, prêt de 20% de la production mondiale de cobalt, soient prêt de 10 000 tonnes et 60% de la production mondiale de super-alliages à base de cobalt sont récupérés par les USA qui considèrent ce métal comme hautement stratégique au point que sa carence pourrait affecter sérieusement ses domaines économiques, industriels et militaires ainsi que ceux de nombreux pays hautement industrialisés.

On trouve ainsi dans cet ouvrage des informations sur l'origine, l'élaboration du cobalt, son recyclage et son utilisation tout cela illustré de près de 80 flow-sheets, croquis et graphes.

Cet ouvrage est un recueil, une mine d'informations, d'expériences et de pratiques industrielles utiles à avoir pour mieux connaître l'un des métaux le plus influent sur l'échiquier stratégique et économique mondial.

Roger RUMBU, Met. Eng. – Université de Lubumbasi (D.R.C.),
PPM – University of Pretoria (R.S.A.)

Chez le même éditeur

Le transport par bennes en mines à ciel ouvert par Chiyey Kanyik Tesh – ISBN : 978-1518659164.

Machines minières - Tome 1 : Mobiles et semi-mobiles par Chiyey Kanyik Tesh – ISBN : 978-1491058152.

Les Machines minières - Tomes 2 : Fixes par Chiyey Kanyik Tesh – ISBN : 978-1500975722.

Contrôle géologique de l'exploitation minière - TOME 1 : Investigation géologique, Géométrisation du gisement et Sélectivité minière par Albert KALAU – ISBN : 978-1523840052

Edité par 2RA - Edition

Sandton, R.S.A.

Email: 2ra.edition@gmail.com.

Tel.: +27-71-378-4217 (RSA)

  +243-99-855-0132 (R.D. Congo)

Printed in USA and RSA

ISBN: 978-0-359-55705-9

N° du dépôt légal : 3.20.2019.9. Ier Trim. du 26/03/2019

2RA-Edition

www.ingramcontent.com/pod-product-compliance
Lightning Source LLC
Chambersburg PA
CBHW021031210326
41598CB00016B/986